MÉTHODE
RÉCAPITULATIVE
DE
CALCUL ÉLÉMENTAIRE
ET DE
SYSTÈME MÉTRIQUE,
OU
NOUVELLE GYMNASTIQUE INTELLECTUELLE

propre à rompre promptement et sûrement les Élèves à la pratique des opérations et à la solution des problèmes usuels,

par J.-B. F. LAFFINEUR.

SENLIS
LIBRAIRIE GÉNÉRALE DE D. GAVREL-LEDUC.

1868

MÉTHODE

DE

CALCUL ÉLÉMENTAIRE.

Amiens. — Typ. Alfred CARON fils, rue de Beauvais, 42.

MÉTHODE

RÉCAPITULATIVE

DE

CALCUL ÉLÉMENTAIRE

ET DE

SYSTÈME MÉTRIQUE,

OU

NOUVELLE GYMNASTIQUE INTELLECTUELLE

propre à rompre promptement et sûrement les Élèves à la pratique des opérations et à la solution des problèmes usuels,

par J.-B. F. LAFFINEUR.

SENLIS

LIBRAIRIE GÉNÉRALE DE D. GAVREL-LEDUC.

1868

PROBLÈMES

ET

EXERCICES DE CALCUL

ET

MÉTHODE ÉLÉMENTAIRE

D'ARITHMÉTIQUE.

NUMÉRATION.

1. Un nombre est une réunion d'unités ou de parties de l'unité.

2. L'unité est *un* des objets comptés.

3. Un *nombre entier* est celui qui ne renferme que des unités entières.

4. Une partie de l'unité se nomme *fraction.*

5. Un nombre qui renferme des unités et des parties d'unité se nomme *nombre fractionnaire.*

6. Pour écrire les nombres on se sert de ces dix caractères : 0. 1. 2. 3. 4. 5. 6. 7. 8. 9, appelés chiffres.

7. Les *dizaines* sont des collections de dix unités : on les écrit avec les mêmes chiffres que les unités, mais à gauche de celles-ci, c'est-à-dire au deuxième rang (ordre). Une dizaine s'appelle *dix ;* deux dizaines, *vingt ;* trois dizaines, *trente ;* quatre dizaines, *quarante ;* cinq dizaines, *cinquante ;* six dizaines, *soixante ;* sept dizaines, *soixante-dix ;* huit dizaines, *quatre-vingts ;* neuf dizaines, *quatre-vingt-dix.*

Les *centaines* sont des collections de dix dizaines ou de cent unités : on les écrit au troisième rang (ordre). On dit cent, deux cents, trois cents, quatre cents, cinq cents, six cents, sept cents, huit cents, neuf cents.

Les *mille* sont des collections de dix centaines : on les écrit au quatrième rang, et on compte par dizaines et centaines de mille jusqu'à neuf cent quatre-vingt-dix-neuf mille.

Mille mille font un *million ;* mille millions font un *billion* ou *milliard,* etc.

8. Pour lire un nombre écrit en chiffres, on le sépare préalablement avec des points en *tranches de trois chiffres*, à partir des unités, et en allant vers la gauche : la première tranche est celle des *unités;* la seconde, celle des *mille;* la troisième, celle des *millions;* la quatrième, celle des *billions;* la cinquième celle des *trillions*, etc. On commence à lire la tranche de gauche, qui peut n'avoir qu'un ou deux chiffres ; on lit chaque tranche comme si elle était seule, en lui donnant le nom de trillions, billions, millions, mille, unités, suivant qu'elle est la cinquième, la quatrième, la troisième, la seconde ou la seule tranche.

9. Pour écrire un nombre dicté, on pose chaque tranche à mesure qu'on la prononce, ayant soin de placer un point après chacun des mots *trillion, billion, million, mille,* et de remplacer par des zéros les ordres ou les tranches qui peuvent manquer.

10. Les chiffres décimaux sont

ceux que l'on place à la droite des unités : le premier représente des dixièmes; le second, des centièmes; le troisième, des millièmes; le quatrième, des dix-millièmes; le cinquième, des cent-millièmes; le sixième, des millioniémes, etc.

Les dixièmes, centièmes, millièmes, dix-millièmes, etc., sont des parties dix, cent, mille, dix mille fois plus petites que l'unité, et de dix en dix fois plus petites les unes que les autres.

11. Un nombre décimal est celui qui a des chiffres décimaux : on sépare ceux-ci des unités par une virgule ou la lettre initiale du nom de l'unité.

12. Calculer, c'est composer et décomposer les nombres au moyen des quatre opérations : Addition, Soustraction, Multiplication et Division, qu'on appelle opérations fondamentales de l'Arithmétique.

EXERCICES SUR LA NUMÉRATION.

1. Ecrivez les nombres de 1 à 19 et de 19 à 1.

2. Ecrivez les nombres de 20 à 60, puis de 60 à 20.

3. Ecrivez les nombres de 60 à 79, puis dans l'ordre inverse.

4. Ecrivez les nombres de 80 à 99, puis dans l'ordre inverse.

5. Ecrivez les nombres de 1 à 100, puis dans l'ordre inverse.

6. Ecrivez les nombres de 100 à 300.

7. Ecrivez les nombres de 2 à 200, en comptant par 2, 4, 6, etc.

8. Ecrivez les nombres de 201 à 401, en comptant par 1, 3, 5, 7, etc.

9. Ecrivez les nombres de 3 à 300, en comptant par 3, 6, 9, etc.

10. Ecrivez les nombres de 302 à 602, en comptant par 2, 5, 8, 11, etc.

11. Ecrivez les nombre de 4 à 400, en comptant par 4, 8, 12, etc.

12. Ecrivez les nombres de 404 à 804, en comptant de même.

13. Ecrivez les nombres de 5 à 500, en ajoutant 5 à chaque nombre.

14. Ecrivez les nombres de 503 à 1.003, en comptant de même.

15. Ecrivez les nombres de 6 à 600, en comptant par 6.

16. Ecrivez les nombres de 605 à 1.205, en ajoutant toujours 6.

17. Ecrivez les nombres de 7 à 700, en ajoutant toujours 7.

18. Ecrivez les nombres de 703 à 1.403, en comptant de même.

19. Ecrivez les nombres de 8 à 800, en ajoutant toujours 8.

20. Ecrivez les nombres de 805 à 1.605, en comptant de même.

21. Ecrivez les nombres de 9 à 900, en ajoutant toujours 9.

22. Ecrivez les nombres de 906 à 1.806, en comptant de même.

23. Ecrivez de 10 à 110, en augmentant chaque nombre de 1 ; de 110 à 310, en l'augmentant de 2 ; de 310 à 610, en l'augmentant de 3; de 610 à 1.010, en l'augmentant de 4 ; de 1,010 à 1.510, en l'augmentant de 5 ; de 1.510 à 2.110, en l'augmentant de 6; de 2.110 à 2.810, en l'augmentant de 7; de 2.810 à 3.610, en l'augmentant de 8, et de 3.610 à 4.510, en augmentant chaque nombre de 9.

Nota. — Chaque exercice peut être donné pour être exécuté en commençant par le nombre final ; on pourra réserver ce travail comme préparation à la soustraction, à laquelle il dispose, de même que ceux indiqués ci-dessus disposent merveilleusement à la pratique de l'addition.

Il faut que le maître s'assure que les élèves lisent les nombres à mesure qu'ils les écrivent; il serait même bon que les mêmes exercices fussent faits oralement avant d'être écrits.

ADDITION.

13. Ce signe + se lit *plus* et indique que l'on doit *additionner* les nombres qu'il sépare, c'est-à-dire faire une *addition.*

14. Pour additionner on pose les nombres les uns sous les autres, de manière que les chiffres de même ordre occupent la même colonne *.

15. Le résultat de l'addition se nomme *somme*, *total.*

16. Pour s'assurer si une opération a été bien faite, on doit en faire la preuve.

17. La preuve de l'addition se fait en comptant les chiffres de bas en haut, si la première fois on a compté de haut en bas, et toujours en commençant par la droite.

18. On doit faire une addition : 1o quand la réponse doit être une

---

* J'ai cru superflu d'indiquer dans cette méthode élémentaire la *manière d'effectuer les opérations;* car les jeunes élèves ne peuvent jamais l'apprendre par eux-mêmes en l'étudiant, et le concours du maître est toujours indispensable, malgré toute la lucidité que peuvent comporter les explications et démonstrations.

somme, un *total;* 2° quand on doit *ajouter*, *additionner*, *réunir*, *augmenter;* 3° quand, en raisonnant la question, on réunit les nombres par le mot *plus*.

19. L'addition est une opération par laquelle on *réunit* plusieurs nombres de la même espèce en un seul nombre, qu'on appelle *somme* ou *total*.

EXERCICES SUR L'ADDITION.

20. Le signe = se lit *égale* : c'est le signe de l'égalité; il précède la réponse ou le résultat de toute opération.

24	**25**	**26**
24.444 42.534	34.233.241 43.321.423	33.332.221 14.233.121
27	**28**	**29**
42.357 57.642	61.752.436 37.136.452	54.425.345 24.353.554
30	**31**	**32**
71.269 13.430	25.351.752 13.444.223	83.516.432 16.241.507

33	34	35	36
4.643	4.343	36.240	8.304.334
3.025	2.501	50.417	292.250
2.131	2.152	11.321	3.102

37	38	39	40
521	3.054	802.623	408.153
146	91.021	50.212	20.714
231	810	124.031	30.021

41	42	43	44
5.545	6.656	6.777	98.788
6.645	7.656	6.787	88.798

45	46	47	48
8.789	4.457	5.679	9.468
7.889	8.678	5.678	3.467

49	50	51	52
3.486	4.234	9.357	45.341
4.636	5.742	3.877	62.283
8.754	7.976	4.564	50.125

53	54	55	56
3,614	8.418	73.045	6.104
5.442	6.990	20.406	375
5.265	2.454	3.291	2.038

57	58	59
59.153	417.064	2.170.721
44.624	44,532	191.442
34.295	5.470	9.900.283
51.504	381.217	5.043.536

60

31.052
17.171
40.609
96.315

61

540.045
14.603
222.980
145.008

62

4.206.100
3.691.777
8.414.524
300.596

63

15.305
2.572
20.643
62.256

64

105.426
17.642
460.264
294.055

65

5.716.174
91.806
5.449.352
6.302.543

66

67.049
4.703
16.686

67

65.793
58.852
72.548

68

37.535
16.874
24.369

69

2.624
1.405
4.056

70

20.034
16.503
2.162
24.005

71

4.125
6.062
2.800
5.653

72

4,564
2.073
720
1.535

73

3.163
5.527
3.904
6.261

74

5.796
8.657
9.868

75

4.839
6.958
8.957

76

7.877
9.987
8.987

77

2.678
1.859
4.376

78

4.675
6.849
7.878

79

3.064
7.479
5.357

80

5.768
7.597
4.442

81

2.765
2.784
2.878

82

4.074
6.946
6.888
8.955

83

8.641
3.722
5.433
4.245

84

8.260
907
194
78

85

325,6
64,3
105,2
377,8

86

542,3
64,6
278,9
56,2

87

51,32
60,75
44,60
86,58

88

4,23
0,60
2,87
1,55

89

20,24
46,30
77,66
89,75

90

39,66
64,76
27,76
76,76
98,76

91

34,45
59,76
98,87
87,58
27,84

92

225,5
59,4
347,9
76,7
122,5

93

25,672
6,986
40,707
5,498
10,879

94

8,972
3,743
1,589
5,465

95

32,465
1,548
10,399
5,787

96

287,3
44,8
515,6
32,9

97

178,04
89,22
96,50
276,78

98

47,046
26,840
58,896
65,397
36,405
75,247

99

8.050,606
4.946,275
9.055,47
7.809,75
530,081
8.004,77

100

397,24
5.025,65
454,7
2.609,38
578,07
4.004,46

101	102	103
97.457	323,9.188	87.985
68.289	506,7.89	299.899
96.778	88,8.775	78.977
77.957	497,6.584	159.868
5.889	9,6.87	87.777
58.934	386,3.789	96.586

104. 2.343 + 6.787 + 3.878 + 7.962 + 6.624 + 5,796 =

105. 9.853 + 129,436 + 34.248 + 55.108 + 221.088 + 115.830 =

106. 4.635 + 8.968 + 9.827 + 9.779 + 8.993 + 8.496 =

107. 243.699 + 45.806 + 2.309 + 512 + 408 + 1.028 =

108. 637,450 + 94,395 + 52,740 + 15,045 + 513,400 =

109. 8.153 + 3.518 + 714 + 471 + 4.643 + 3.025 =

110. 7.956 + 3.108 + 4.065 + 4.100 + 7.132 + 376 =

111. 31,75 + 42,05 + 44,78 + 39,05 + 47,55 + 9,32 =

112. 3.475 + 5.062 + 440 + 309 + 1.500 + 3.107 + 4.016 =

113. 64,2 + 45,7 + 65,7 + 4,8 + 32,3 + 17,78 + 9,92 =

114. 2.353 + 4.635 + 9.868 + 9.827 + 9.779 + 8.993 + 8.496 =

115. 25,6 + 12,3 + 39,6 + 15,18 + 14,07 + 13,40 + 24,35 =

116. 4.843 + 9.789 + 7.967 + 5.628 + 9.746 + 7.988 + 8.494 =

117. 1,878 + 0,702 + 1,089 + 0,917 + 0,258 + 1,004 + 0,695 =

118. 2,35 + 4,35 + 8,35 + 6,35 + 4,25 + 8,45 + 8,35 =

119. 857 + 968 + 779 + 688 + 397 + 886 + 475 =

120. 269,8 + 378,9 + 89,9 + 198,8 + 99,7 487,8 + 99,9 =

121. 4.321 + 5.432 + 6.543 + 7.654 + 8.765 + 9.876 + 987 =

122. 8.279 + 398 + 89 + 758 + 6.969 + 7.888 + 5.619 =

123. 738 + 842 + 274 + 936 + 595 + 515 + 978 =

124. 9,58 + 3,92 + 8,97 + 9,57 + 7,64 + 7,48 + 9,56 =

125. 59,86 + 88,73 + 78,99 + 9,74 + 29,49 37,26 + 59,85 =

126. 9,868 + 9,797 + 8,986 + 9,675 + 9,894 + 8,953 + 9,742 + 9,628 =

127. 4.277 + 8.918 + 5.649 + 9.287 + 6.446 + 4.888 + 8.674 + 4.083 =

128. 678 + 492 + 849 + 747 + 984 + 862 + 784 + 678 =

129. 98,7 + 4,8 + 87,4 + 8,2 + 9,9 + 77,6 66,5 + 44,4 =

130. 97,86 + 78,95 + 89,76 + 69,87 + 78,55 + 37,04 + 56,76 + 57,87 =

131. 987 + 867 + 987 + 896 + 786 + 976 + 967 + 754 =

132. 84,5 + 98,7 + 89,2 + 87,8 + 76,3 + 96,9 + 64,6 + 98,3 =

133. 7,32 + 9,45 + 8,78 + 0,44 + 9,67 + 8,79 + 0,93 + 5,77 =

134. 6,325 + 0,847 + 1,042 + 7,07 + 4,225 + 6,49 + 9,672 + 0,579 =

135. 26.341 + 9.817 + 12.060 + 1.217 + 11.426 + 8.784 + 30.637 + 356 =

136. 2,54 + 0,97 + 0,06 + 0,18 + 5,24 + 0,39 + 6,24 + 7,75 + 34,78 =

137. 7,86 + 9,68 + 8,37 + 2,14 + 5,59 + 6,24 + 7,48 + 4,73 + 7,86 =

138. 835 + 246 + 798 + 689 + 971 + 256 + 562 + 817 + 623 =

139. 4.936 + 325 + 9.793 + 8.489 + 6.874 + 4.648 + 5.485 + 7.469 + 6,828 =

140. 60.062+5.731+83+396+98.982 32.074+48+786+4.032=

141. 206+3.095+1.329+508+72+64 956+87+79+521+330+53+285=

142. 793+484+877+608+619+901+ 272+28+619+966+798+950+962=

143. 849+985+677+768+497+877+ 986+928+889+648+291+863+730=

144. 89,63+52,58+44,36+96,27+ 77,14+98,73+49,86+54,52+29,34+57,68 +82,96+19,53+43,14=

145. 48,984+79,359+14,787+89,948 78,799+99,374+88,486+59,662+98,853 +89,997+76,868+99,941+74,719=

ADDITIONS MENTALES.

146. Mon fils a gagné 3 bons points lundi, 4 mardi, 5 mercredi, 3 vendredi et 5 samedi : combien en a-t-il gagné pendant la semaine ?

147. Jules a gagné 30 billes à Paul, 40 à Louis, 50 à Marc, 30 à Léon, et il en avait déjà 50 : combien en a-t-il actuellement ?

148. Un marchand a acheté pour 300 fr. de calicot, pour 400 fr. de toile, pour 500 fr. de drap, pour 300 fr. de mérinos et pour 500 francs de nouveautés : combien a-t-il dû payer ?

149. J'ai acheté un gilet 13 fr., une chemise 14 fr., un pantalon 15 fr., une cravate 13 fr. et une paire de bottes 15 fr. : quelle est ma dépense ?

150. Une cuisinière a payé 23 fr. de lait, 24 fr. de viande, 25 fr. de pain, 23 fr. d'épicerie et 25 fr. de journées d'aides : combien en tout ?

151. Charles avait 4 fr. dans sa bourse ; son père lui a donné 6 fr., sa mère 5 fr., son oncle 4 fr., sa tante 5 fr. et son parrain 8 fr. : combien a-t-il ?

152. Dans mon jardin il y a 9 poiriers, 8 pommiers, 6 groseilliers, 3 pêchers, 7 pruniers et 2 abricotiers : combien de sujets en tout ?

153. Dans une pépinière il y a 90 poiriers, 80 pommiers, 60 groseilliers, 30 pêchers, 70 pruniers et 20 abricotiers : combien y a-t-il de ces végétaux ?

154. Rose doit à sa couturière 6 fr. pour la façon d'une robe, 2 fr. pour celle d'un jupon, 4 fr. pour un corsage, 3 fr. pour une chemise et 5 fr. pour un manteau : combien Rose doit-elle à sa couturière ?

155. Un cultivateur a vendu pour 600 fr. de blé, pour 200 fr. d'orge, pour 400 francs

d'avoine, pour 300 fr. de seigle et pour 500 francs de luzerne : combien a-t-il dû recevoir ?

PROBLÈMES SUR L'ADDITION.

156. Trois frères se sont partagé un paquet de plumes : l'aîné en a eu 34 et chacun des deux autres 33 : à combien de plumes se montait le paquet? * — *R.* Il se montait à 34+33+33=

157. Chaque fois qu'Abel rapporte un bon point, il reçoit un centime de sa mère, un de son oncle et un de son aïeul : combien doit-il avoir de centimes au bout du mois, sachant qu'il a gagné 25 bons points ? — *R.* Il doit avoir 25+25+25=

158. Sur 5 compositions faites dans le mois, Léon a fait la première fois 16 fautes, la deuxième fois 19, la troisième fois 25, la quatrième fois 14, et la cinquième fois 12; Joseph en a fait 13+18 + 27+20 + 18, et Victor 26+20+14+12+11 : lequel doit être le premier ?

159. Un marchand, pour payer une

---

* Enseigner aux élèves à formuler ainsi leurs réponses et les obliger à raisonner toutes les questions.

dette, donne un billet de 875 fr., un titre de rente valant 1.045 fr. et 108 fr. en espèces : à combien se montait sa dette?

160. Un berger conduit un troupeau composé de 3 béliers, 185 brebis, 107 moutons et 216 agneaux de tout âge : de combien de têtes ce troupeau est-il composé?

161. A l'occasion de la première communion, M. N. a vendu à Julie 24m,75 de calicot; à Louise 13m,80; à Octavie 31m,50; à Valentine 52m,35; à Marie 49m et à Caroline 26m70 : combien en a-t-il vendu en tout?

162. La veille de Pâques, le cordonnier livre à une famille des souliers pour 16 fr., des brodequins pour 12 fr. 65 c., des bottines pour 9 fr. 85 c., des chaussons feutrés pour 3 fr. 75 c. et des bottes pour 22 fr. 50 c. : à combien doit se monter la note?

163. J'ai acheté à la jardinière pour 1 fr. 60 c. d'asperges, pour 1 fr. 40 c. de choux-fleurs, pour 1 fr. 20 c. de petits-pois, pour 0 fr. 40 c. de carottes, pour 0 fr. 35 c. de radis et pour 0 fr. 55 c. de salade : combien me coûtent ces diverses emplettes?

164. Dans une commune rurale il y a 427 personnes vivant de la culture du sol, 82 artisans, 34 commerçants et 102 domestiques ou ouvriers à toute main : quelle est la population de cette commune ?

165. Une fermière a vendu dans un jour des œufs pour 4 fr. 60 c., du lait pour 1 fr. 80 c., du beurre pour 7 fr. 10 c., du fromage pour 4 fr. 25 c., un chapon pour 2 fr. 70 c. et de la crème pour 0 fr. 65 c. : quelle a été sa recette totale ?

166. Une propriété se compose de 1.365 ares de terres labourables, 816 ares de bois, 408 ares de prés, 112 ares de vignes, 95 ares de verger et 23 ares de jardin : quelle est l'étendue de la propriété ?

167. Adolphe dépense annuellement 276 francs pour sa nourriture, 45 fr. pour son logement, 142 fr. pour ses vêtements, 307 fr. pour les frais du ménage, 42 fr. en achat de tabac et 104 fr. en parties de jeu : à la fin de l'année il ne lui reste rien : combien gagne-t-il ?

168. Constant dépense 285 fr. pour sa nourriture, 58 fr. pour son logement, 100 fr. pour ses vêtemeuts, 262 fr. pour les frais du ménage, et fait à ses vieux parents une rente de 1 fr. par jour, soit 365 fr. par an : combien gagne-t-il dans son année, sachant qu'il met encore 10 fr. par mois ou 120 fr. par an à la Caisse d'épargnes ?

169. Un homme lègue à sa mort sa fortune à son frère et à ses trois neveux : il stipule que le frère aura la moitié de l'héritage et les neveux l'autre moitié par parties égales. Le partage fait, chaque neveu a eu 985 fr. 54 c. : à combien se monte la fortune du testateur?

170. Dans un chantier on a déposé 305 stères de bois à brûler, 148 stères de planches, 94 stères de solives, 25 stères de poutres, 105 stères de chevrons et 236 stères de bois de charpente en grume : combien y a-t-il de stères de bois dans ce chantier?

171. Un marchand de drap en achète 642 mètres à Elbeuf, 456 mètres à Louviers, 307 mètres à Sedan, 264 mètres à Beauvais et 192 mètres à Romorantin : à combien se montent ces achats ?

172. Une jeune dame achète pour sa maison 66 torchons, 15 tabliers, 42 serviettes, 3 nappes, 16 draps et 24 taies d'oreillers : combien achète-t-elle de pièces?

173. Un débitant a dans sa cave 815 litres de vin en fûts, 243 litres de vin en bouteilles, 378 litres d'eau-de-vie ordinaire, 105 litres de Cognac, 96 litres de liqueurs et 302 litres de bière : combien ce débitant a-t-il de liquide dans sa cave?

174. Un bonnetier a vendu, un jour de marché, 47 paires de bas, 31 paires de chaussettes, 24 paires de chaussons, 16 jupons, 34 paires de gants, 64 cravates et 9 ceintures : combien a-t-il vendu de pièces?

175. Une boîte à mercerie ayant coûté, vide, 1 fr. 75 c., contient du fil pour 0 fr. 55 c., du coton pour 0 fr. 50 c., de la laine pour 0 fr. 85 c., des aiguilles pour 0 fr. 35 c., un étui de 0 fr. 25 c., des bobines et passe-lacets pour 0 fr. 30 c. : combien vaut cette boîte?

176. Un bûcheron a acheté chez un revendeur une serpe pour 1 fr. 85 c., une cognée pour 2 fr. 05 c., une hache pour 4 fr. 20 c., une pioche pour 1 fr. 60 c., une scie toute montée pour 5 fr., un chevalet pour 0 fr. 90 c., six limes pour 1 fr. 80 c., trois coins pour 2 fr. 10 c., un maillet pour 0 fr. 70 c., un ceinturon à crochet pour 1 fr. 50 c. et un câble pour 2 fr. 60 c. : quel est le montant de sa dépense?

177. Une dame a acheté une robe 32 fr. 70 c., un bonnet 8 fr. 50 c., un châle 41 fr. 25 c., une crinoline 9 fr. 85 c., un parapluie 12 fr. 30 c. et un foulard 6 fr. 20 c. : combien a-t-elle dépensé?

178. Gustave est de 28 ans plus jeune que

son père, qui est né en 1834 : en quelle année cet enfant aura-t-il 50 ans ?

179. Un propriétaire a payé au percepteur 27 fr. 25 c. en mars, 28 fr. en juin, 26 fr. 80 c. en septembre et 27 fr. 55 c. en décembre : à combien s'élèvent ses contributions de l'année ?

180. Edouard a dépensé 4 fr. 85 c. ; il m'a prêté 0 fr. 70 c. et a donné 0 fr. 15 c. à un pauvre : combien avait-il dans sa bourse, sachant qu'il lui reste 4 fr. 30 c. ?

181. Pour solder une facture, un négociant souscrit deux billets de 725 fr., deux de 1.080 fr., et un de 1.405 fr. : à combien se monte sa facture ?

182. La construction d'une école est adjugée à six entrepreneurs, savoir : au maçon moyennant 5.584 fr. 73 c.; au charpentier moyennant 1.497 fr. 87 c. ; au menuisier moyennant 1.088 fr. 68 c. ; au serrurier moyennant 875 fr. 94 c. ; au couvreur moyennant 608 fr. 05 c., et au peintre moyennant 486 fr. 39 c. : à combien reviendra cette école, si on fait pour 2.006 fr. de travaux supplémentaires ?

183. Un jeune homme qui avait placé 375 fr. à la Caisse d'épargnes en 1860, 420 fr.

en 1861, 432 fr. en 1862, 444 fr. en 1863 et 460 fr. en 1864, n'a pas touché les intérêts, qui s'élèvent à 162 fr. Son parrain, pour le récompenser de sa bonne conduite, lui donne 207 fr., qui lui manquent pour payer un fonds de commerce qu'il vient d'acquérir : quelle est la valeur de ce fonds ?

184. Un laboureur, qui a six pièces de terre en blé, a récolté dans la première 306 gerbes; dans la deuxième 528; dans la troisième 264; dans la quatrième 892; dans la cinquième 1.027, et dans la sixième 1.809 : combien a-t-il récolté de gerbes de blé?

185. Le même cultivateur a quatre pièces d'avoine, qui lui ont fourni 635 gerbes, 834, 1.108 et 1.014 : combien a-t-il récolté de gerbes d'avoine ?

186. Un propriétaire ayant acheté une maison 2.620 fr., a payé 262 fr. de frais d'acte et d'enregistrement, et a fait faire des réparations pour 1.100 fr. Il veut revendre cette maison avec un bénéfice de 1.018 fr. : combien veut-il la vendre?

187. Un négociant a cinq commis : le dernier reçoit 580 fr. d'appointements ; le quatrième 45 fr. de plus que le précédent; le troisième 75 fr. de plus que le quatrième; le second 75 fr. de plus que le troisième, et le premier 125 fr. de plus que le second. Combien ce négociant paie-t-il à ses commis?

188. Un propriétaire, ayant pêché dans un étang, a vendu 245 carpes, 108 brochets, 106 tanches, 65 blanchets, 14 perches, 8 loches, 38 anguilles et 64 lottes; il a gardé 40 carpes et 32 brochets. Combien a-t-il pêché de pièces ?

189. Une cuisinière achète chez le charcutier des boudins et des saucisses pour 1 fr. 60 c., une fressure pour 0 fr. 90 c., du saucisson pour 1 fr. 90 c., une andouille pour 0 fr. 85 c., des cervelas pour 0 fr. 60 c., du lard gras pour 2 fr. 40 c., du lard salé pour 1 fr. 75 c. et du saindoux pour 3 fr. 25 c. : à combien se montent ces emplettes?

190. Un ébéniste m'a fourni une armoire de 98 fr., un buffet de 110 fr., une table ronde de 65 fr., une commode de 105 fr., un lit en noyer de 109 fr., une table carrée de 33 fr. 80 c., une table de nuit de 22 fr. 65 c., un guéridon de 26 fr. 50 c. et une table à ouvrage de 16 fr. 75 c. ; quelle somme me faut-il pour payer ces meubles?

191. Que doit payer une maîtresse de maison qui achète deux canards 3 fr. 80 c., deux oies 11 fr. 40 c., un dindon 12 fr., une dinde 8 fr. 70 c., une paire de pigeons 0 fr. 90 c., une poule 1 fr. 85 c., un chapon 2 fr. 50 c. ?

192. J'arrive de la halle, où j'ai acheté pour 1 fr. 10 c. de choux-fleurs; pour 1 fr. 90 c. d'artichauts; pour 1 fr. 05 c. de chicorée, oseille et épinards; pour 1 fr. de persil, thym, ciboules et poireaux; pour 2 fr. 75 c. d'ognons; pour 2 fr. 20 c. d'asperges; pour 0 fr. 60 c. de radis, raves, cerfeuil; pour 0 fr. 95 c. de laitues et romaines; pour 1 fr. 40 c. de pois et carottes, et pour 0 fr. 25 c. d'ail et échalottes : combien ai-je dépensé à la halle pour ces légumes ?

193. J'ai rapporté, en outre, pour 1 fr. 80 c. de pêches; pour 1 fr. 25 c. de raisin; pour 2 fr. 25 c. de groseilles et framboises; pour 0 fr. 60 c. de fraises; pour 1 fr. 05 c. de prunes et de cerises; pour 1 fr. 90 c. de poires, et pour 0 fr. 85 c. d'abricots : combien ai-je dépensé pour ces fruits?

194. Quel est le montant de la note suivante que m'envoie le boucher : un pot-au-feu, tranche de bœuf, 2 fr. 80 c.; un filet, 3 fr. 55 c.; des côtelettes, 2 fr. 10 c.; un aloyau, 3 fr. 15 c.; une rouelle de veau, 2 fr. 25 c.; un gigot

2

de mouton 5 fr., une tête de veau 2 fr. 90 c.?

195. Un jardinier arboriculteur achète les instruments suivants : un sécateur 4 fr. 50 c., une grande serpette 6 fr., une petite serpette 2 fr. 90 c., un greffoir 2 fr. 05 c., une scie à main 1 fr. 90 c., un cueilloir 2 fr. 80 c., un croissant 3 fr. 50 c., et des cisailles 5 fr. 60 c. : à combien s'élève sa dépense?

196. Le pharmacien m'envoie par la poste 32 grammes de camphre, 55 gr. de quinquina, 65 gr. de lichen, 12 gr. de pâte de jujube, de réglisse et de guimauve, 20 gr. de sené, 500 gr. de chocolat de santé, 250 gr. de sel de Glauber, 4 gr. 5 d'extrait de digitale, 15 gr. d'aloès, 24 gr. de sel de nitre, 160 gr. de térébenthine, 30 gr. d'alun, 16 gr. de sel ammoniac et 150 gr. de farine de moutarde : quel est le poids de cet envoi?

197. Ce même pharmacien m'expédie 1 litre de sirop anti-scorbutique, 3 l. de sirop de gomme arabique, 2 l. de vin d'absinthe, 5 l. d'hydromel, 0 l. 25 c. d'éther, 0 l. 1 déc. de sirop d'ipécacuanha, 0 l. 35 c. d'huile de camomille, 0 l. 60 c. d'huile de foie de morue, 1 l. 30 c. de teinture d'arnica et 0 l. 15 c. de laudanum : quelle quantité ai-je reçue de ces divers médicaments?

198. La pièce de vingt centimes pèse 1 gramme, celle de cinquante centimes pèse 2 gr. 5, celle de 1 franc pèse 5 gr., celle de 2 fr. pèse 10 gr., et celle de 5 fr. pèse 25 gr. : quel poids obtiendrait-on avec deux de chacune de ces pièces ?

SOUSTRACTION.

21. Ce signe — se nomme *moins* et indique que l'on doit *retrancher, soustraire* le nombre de droite de celui de gauche, c'est-à-dire faire une soustraction.

22. Pour faire une soustraction, on pose le plus petit nombre sous le plus grand, et de manière que les unités de même ordre occupent la même colonne.

23. Le résultat de la soustraction se nomme *reste*, *excès* ou *différence*.

24. Quand le nombre supérieur a moins de chiffres décimaux que l'autre nombre, on met des zéros à sa droite jusqu'à ce qu'il en ait autant.

25. Quand un chiffre du nombre supérieur est moins fort que son correspondant, on l'augmente de 10 et on ajoute 1 au chiffre suivant du nombre inférieur.

26. La preuve de la soustraction se fait en *ajoutant* le reste au plus petit nombre : la *somme* doit être égale au grand.

27. On doit faire une soustraction : 1° quand la réponse doit être un *reste*, un *excès*, une *différence*; 2° quand on doit soustraire, ôter, diminuer, déduire, retrancher; 3° quand, en raisonnant la question, on réunit les nombres par le mot *moins*.

28 La soustraction est une opération par laquelle on *ôte* d'un nombre un autre nombre plus petit et de la même espèce, pour obtenir un *reste*, un *excès* ou une *différence*.

EXERCICES
SUR LA SOUSTRACTION ET L'ADDITION.

199	**200**	**201**	**202**	**203**
3.543	5.642	69.876	45.798	97.643
2.432	4.531	58.765	23.576	32.211

204	205	206	207	208
4.321	7.654	79.687	56.789	32.345
2.111	2.222	33.333	44.444	31.123
209	**210**	**211**	**212**	**213**
6.789	3.456	89.876	56.789	42.345
2.628	2.432	6.406	23.456	32.245
214	**215**	**216**	**217**	**218**
5.345	5.678	59.876	65.432	43.210
3.325	4.638	5.555	54.321	31.210
219	**220**	**221**	**222**	**223**
5.421	3.356	76.082	13.824	43,240
5.320	2.354	71.032	321	3.010
224	**225**	**226**	**227**	**228**
6.875	6.847	98.684	69.875	36.432
1.352	5.215	35.612	24.051	21.220
229	**230**	**231**	**232**	**233**
7.758	8.999	99.958	89.927	97.968
3.523	3.654	42.121	1.204	52.765
234	**235**	**236**	**237**	**238**
8.847	6.875	98.684	76.432	79.875
4.632	3.523	53.072	65.212	15.824
239	**240**	**241**	**242**	**243**
4.197	2.758	59.645	57.968	78.953
2.107	1.235	28.540	27.837	35.203

244	245	246	247
127.531	132.104	642.351	978.564
87.428	96.054	543.332	587.834

248	249	250	251
117.602	490.570	220.655	756.421
37.540	288.667	164.836	349.345

252	253	254	255
519.029	642.351	127.531	978.564
74.696	429.819	113.210	410.700

256	257	258	259
617.003	605.408	853.087	860.809
64.792	148.764	76.544	487.990

260	261	262	263
444.444	333.333	222.222	111.111
87.457	79.012	86.534	30.646

264	265	266	267
555.555	777.666	989.988	245.789
396.988	370.708	779.695	164.799

268	269	270
15.401.365,2	2.164.573,24	67.845,208
6.324.578,3	1.678.459,87	8.313,345

271	272	273
20.000.015,9	2.847.653,21	12.345,670
9.912.437,4	753.476,46	3.456,789

274	275	276
71.002.453,6	1.060.009,14	19.519,20
8.234.567,8	859.808,64	5.991,85

277. 75.234,500—65.432,875=

278. 20.480.019,0—10.794.265,4=

279. 6.363.220,05—5.987.048,67=

280. 94.528,000—78.567,682=

281. 53.141.005,2—6.086.906,5=

282. 9.876.543,21—978.956,86=

283. 12.345,678—3.865.175—3.078,033 =

284. 13.210+85.257+44.333 + 52.211 +9.687+8.566+353=

285. 99.754.000,5—988.568,4=

286. 2.013.052,1—778.384,21=

287. 57,635+42,371+ 3,458 + 10,52+ 7,03 + 26,4 + 9,027 + 0,301 + 24,008 + 17,045=

288. 20.354,908—9.646,892=

289. (960+486+168)—(1.043+55)=

290. 124.132—(65.438+34.207)=

291. 12.873+ 64.227+ 5.295+3.596+ 234+10+27+354+58=

Nota. — Les opérations indiquées entre parenthèses doivent être effectuées séparément et en premier. Tous les nombres renfermés entre les mêmes parenthèses sont considérés comme une seule quantité.

292. 58.356+4.946+456+23+40+804 +35.067+8.250=

293. 7.568.957,13—8.679.878,4=

294. 874.736,55—636.697,65=

295. 9.745.769+9.956.879=

296. (432,04+207,46)—564,25=

297. 1.552.115,5—675.372,30=

298. 4.506.549,76—3.708.895,43=

299. 5.463.728 — 2.760.971,8 — 396.107,34=

300. 21.235+8.713+62.041 + 3.563+ 589+23+8+546+32.564=

301. 5.842.036+25.397+126+52.748 +7.846.573+48.412.482=

302. 4.422.553,3—3.492.959=

303. 5.089.375.646—4.997.726.464=

304. 179.400,78—78.398,93=

305. 50.000,4—49.997,845=

306. (814,24+438)—626=

307. 267.833,25—167.824,5=

308. 40.010,078—39.408.487=

309. 453.008,4—52.987,35=

310. (200—416)+374=

311. 90.017,508—89.898,379=

312. 8.492035+3.713.854+921.740+ 34.963+840.058+7.457.687+860.705+ 11.314+7.102.437+331.598=

313. 58.120.015—55.969.785=

314. 12.100.043—5.227.698=

315. (377,48+94,52)—372=

316. 3.300.030.284—3.293.520.385=

317. 11.118.273—3.650.468=

318. (832—265,97)+(604,08—165)=

319. 15.009.263—14.940.855=

320. 734.724,866+485.289,567=

321. 6.470.031.545—6.469.725.796=

322. (274,32+608,54+306,5)—951,93 +95,19)=

323. (42+57+39+85+46+63+74)—(204+102+51+25,5+12,75)=

324. 6.112.406+7.423.054+4.216.312 + 312.405 + 3.421 + 1.204 + 60.050 + 475.142+1.562.256+7.073+20.360=

325. 3.021.155.903+2.011.246.432=

326. (4.287.543—50.070)+604.073—42.138,05)=

327. 13.200.000—3.156.458—9.438.732, 80=

328. (14.321,01—6.780,681)+542.035, 28+(43.174—31,143,60)=

329. (624,24 + 1.107,96) — (294,32 + 308,68+435+248,25)=

SOUSTRACTIONS MENTALES.

330. Un élève, qui a gagné 5 bons points, n'en a eu que 3 aujourd'hui : combien en a-t-il eu de plus hier ?

331. Emile avait 50 billes et en a perdu 30 : combien lui en reste-t-il ?

332. On a ôté 300 noix d'un sac qui en contenait 500 : combien y en a-t-il encore ?

333. Un ouvrier a gagné 7 fr. en deux jours et n'a dépensé que 4 fr. : quel est l'excédant de sa recette ?

334. Une pièce d'étoffe avait 70 mètres et elle n'a plus que 40 mètres : combien y en a-t-il de vendu ?

335. Un champ a produit 700 gerbes en 1862 ; il n'en a produit que 400 en 1865 : quelle est la différence ?

336. Jules avait 12 pommes ; il en a mangé 3 et en a donné 5 à ses camarades : combien lui en reste-t-il ?

337. Edouard avait 8 billes grises et 7 de couleur avant de jouer ; il n'en a plus que 9 en tout : combien en a-t-il perdu ?

338. Il avait six plumes en gros et 12 en fin ; il n'en a plus que 5 en gros et 8 en fin : combien lui en manque-t-il ?

339. D'une bourse, contenant 180 fr., on a ôté une fois 50 fr. et une autre fois 80 fr. : combien y a-t-il encore dans cette bourse ?

340. Auguste me devait 16 fr. ; il m'a donné une pièce de 5 fr. et une de 2 fr. : combien me doit-il encore ?

341. Denis a acheté une blouse 8 fr. et un pantalon 9 fr. ; il donne à-compte deux pièces de 5 fr. : que redoit-il ?

342. Félix avait 14 billes ; il en a perdu 9 et en a regagné 12 : combien en a-t-il maintenant ?

343. Henri en avait 11 avant de jouer ; il en gagne 9, puis il en perd 12 : combien en a-t-il à la fin ?

344. Un ouvrier devait pour 150 fr. de pain au boulanger ; il lui a donné une fois 40 fr. et une autre fois 90 : que redoit-il ?

345. Un propriétaire achète deux pièces de terre, l'une de 600 fr., l'autre de 700 fr., et paie 900 fr. comptant : combien lui reste-t-il à payer ?

346. Un marchand a vendu un parapluie 17 fr. et gagne 3 fr. : quel est le prix d'achat ?

347. Une maison ayant coûté 1.600 fr. est revendue avec 500 fr. de perte : combien la revend-on ?

348. Henri a 14 ans : quel est l'âge de son frère, né 5 ans après lui ?

349. Une maison est louée 140 fr. à deux locataires : le premier paie 90 fr. : que paie le second ?

PROBLÈMES

SUR LA SOUSTRACTION ET L'ADDITION.

350. De 9.745,679 ôtez 9.569,879.

351. Otez 778.484,21 de 2.013.052,1.

352. Un menuisier qui avait 385m,25 de boiseries à poser, en a déjà posé 190m,50 : combien lui en reste-t-il à poser ?

* *Rép.* : Il lui en reste 385,25—190,50=

353. Une propriété contenait 172 ares 63 centiares ; on en a vendu 86 ares 35 : quelle est son étendue actuelle ?

354. Un négociant a vendu 5.463.728 litres de vin en 1864 et 2.760.971 l. en 1865 : quelle est la différence entre la vente de ces deux années ?

355. Un banquier a reçu pour 4.506.594 fr. 76 c. de valeurs et en a remboursé pour 3.708.895 fr. 43 c. : quel est l'excès de sa recette ?

* **Formuler ainsi chaque réponse.**

356. Un wagon est chargé de 4.552.115 grammes de sucre : combien en restera-t-il si l'on en décharge 2.676.372 grammes?

357. Je devais 10.315 fr. 725 ; j'ai payé 9.756 fr. 94 c. : quelle somme dois-je encore?

358. La somme de deux nombres est 1.508.224.421, et l'un de ces nombres est 1.507.736.795 : quel est l'autre? (La différence).

359. Un propriétaire achète un lot de terre 148.200 fr. et paie 77.500 fr. comptant : combien devra-t-il payer plus tard?

360. En vendant 96 fr. 50 c. un vêtement qui coûte 88 fr. 75 c., combien gagne le marchand?

361. Un marchand qui avait vendu 504 stères de bois à un potier, ne lui en a fourni que 365 stères : combien doit-il lui en fournir encore?

362. Un commis, qui gagne 1.200 fr. par an, fait le relevé de ses dépenses; il trouve qu'elles s'élèvent à 864 fr. 30 c. : quel est le montant de ses économies?

363. Le père Thomas a eu 97 ans en 1865 : en quelle année est-il né?

364. J'ai livré 453m,80 de toile sur 500m

que j'avais vendus : combien ai-je encore de mètres à fournir ?

365. Un ouvrier qui a gagné 18 fr. 25 c. a reçu 11 fr. à-compte : combien lui revient-il ?

366. Une personne qui achète pour 16 fr. 35 c. de marchandises, donne en paiement une pièce de 20 fr. : combien doit-on lui rendre ?

367. Dans une commune, composée de 3.046 habitants, il y a 1.408 personnes du sexe masculin : combien y en a-t-il du sexe féminin ?

368. Un fabricant de poterie achète un lot de bois de 807 stères ; il y a 635 stères de bois dur : combien y en a-t-il de bois tendre ?

369. Un propriétaire redoit encore 84 fr. 45 c. sur 220 fr. 90 c., montant de ses contributions : combien a-t-il déjà payé ?

370. Une personne charitable, qui avait 50 fr. dans sa bourse, fait l'aumône à plusieurs vieillards qu'elle rencontre ; arrivée chez elle, sa bourse ne contient plus que 24 fr. 65 c. : combien a-t-elle donné ?

371. Une école, dont le devis se montait

à 10.114fr.64c., a été adjugée 9.030fr.27c.: à combien se monte le rabais?

372. Un laboureur a récolté 12.420 gerbes dans deux champs; dans le premier, il y en avait 7.608 : combien y en avait-il dans le second?

373. Un lingot d'or, pesant 142.400 gr., contient 14.240 gr. de cuivre : combien contient-il d'or pur?

374. Une propriété, vendue 14.580 fr., a surpassé l'estimation de 4.600 fr. : combien avait-elle été estimée?

375. Un cultivateur a livré 1.685 litres de colza, et il doit encore en livrer 450 litres : combien en a-t-il vendu?

376. Un marchand, ayant acheté pour 1.465 fr. 80 c. de toile, a tout cédé pour 1.500 fr. : combien a-t-il gagné?

377. Un père a 32 ans plus que son fils : quel sera l'âge du fils lorsque le père aura 90 ans?

378. Une commune veut faire établir un lavoir public. Le Conseil municipal vote, à cet effet, une somme de 860 fr.; une souscription volontaire produit 340 fr., et l'État accorde un secours de 350 fr. : quelle somme peut-on consacrer à cette œuvre utile?

379. Un vase plein de liquide pèse 74.630 grammes; lorsqu'il est vide, il ne pèse que 7.065 grammes : quel est le poids du liquide ?

380. Un commerçant s'établit avec un capital de 20.100 fr. Au bout d'un an, il dresse un inventaire qui lui accuse 12.035 fr. de marchandises, 408 fr. 45 c. d'espèces en caisse et 292 fr. 20 c. de crédit : de combien son avoir a-t-il diminué? — *Rép.* 20.100—(12.035+408,45+292,20)=

381. Un cheval tout harnaché coûterait 836 fr. 75 c., tandis qu'on l'aurait nu pour 385 fr. 59 c. : combien le harnais vaut-il et de combien son prix surpasse-t-il celui du cheval ? — *(2 réponses.)*

382. Une hottée de linge sec pèse 11 kil. 300 gr.; le même linge, mouillé, pèse 58 kil. 460 gr. : quel est le poids de l'eau qu'il a imbibée ?

383. Un enfant, auquel on a donné 5 fr., achète chez l'épicier pour 3 fr. 75 c. de sucre et pour 1 fr. 80 c. de bougie : combien lui manque-t-il pour payer sa dépense ?

384. Pour faire un vêtement on a acheté deux coupons de marchandise, l'un de $4^{m}18$, l'autre de $2^{m}57$: combien faut-il de mètres de doublure de même largeur pour doubler entièrement ce vêtement?

385. Une pièce de bois, fraîchement taillée, cubait 5 décistères 23 centièmes; sèche, elle ne cubait plus que 4 décistères 97 : combien a-t-elle perdu par la dessication?

386. Paul et Louis ont partagé un porc pesant 194 kilogrammes 635 grammes; Paul en a eu 106 kil. 085 gr. : combien en a-t-il eu de plus que Louis?

387. J'ai fait faire pour 845 fr. 33 c. de réparations à une maison qui me coûtait 3.106 fr. 80 c., et je l'ai revendue 4.200 fr. : quel est mon bénéfice?

388. Un ouvrier, auquel on a retenu 6 fr. 75 c. pour temps perdu, n'a reçu que 38 fr. 25 c. pour sa quinzaine : combien aurait-il reçu s'il n'eût pas perdu de temps?

389. Un ouvrier intelligent, qui se perfectionnait dans son état, est resté trois ans chez un patron : la première année, il a gagné 890 fr. ; la seconde, 410 fr. de plus, et la troisième, 500 fr. de plus encore : combien a-t-il gagné en ses trois années?

390. Arthur a 16 bons points de moins que Joseph, qui en a 63 : combien Arthur a-t-il de bons points?

391. Deux pièces d'étoffe m'avaient coûté, l'une 378 fr. 25 c. et l'autre 407 fr. 40 c.; j'ai vendu la première 402 fr. 20 c., et la seconde 422 fr. 25 c. : quel est mon bénéfice?

392. Un jeune homme, qui gagne 52 fr. par mois, voudrait s'acheter un chapeau de 12 fr. 80 c. sur ses économies d'un mois : à combien doit se réduire sa dépense?

393. Edouard me devait 5.405 fr. 20 c.; il m'a payé une première fois 896 fr. 65 c. et une seconde fois 1.307 fr. 80 c. : combien me doit-il encore?

394. Un cultivateur a récolté 1.615 bottes de foin dans un champ et 832 dans un autre; il lui en faut 1.050 pour ses bestiaux : combien peut-il en vendre?

395. Un ouvrier, qui gagne 750 fr. par an, règle ainsi sa dépense : 365 fr. pour sa nourriture, 110 fr. 45 c. pour son entretien, 50 fr. pour son loyer et 27 fr. 30 c. pour ses menues dépenses : combien fait-il d'économie?

396. Après avoir payé une dette de 642 fr. 60 c. et dépensé 108 fr. 05 c. à diverses emplettes, il me reste 99 fr. 35 c. : combien avais-je auparavant?

397. Deux débiteurs m'ont payé, l'un

2.482 fr. 35 c.; l'autre, 1.616 fr. 40 c., et il me manque encore 3.100 fr. pour acheter une propriété de 10.000 fr. : quelle somme possédais-je avant la rentrée de ces fonds?

398. Un enfant donne 5 fr. en paiement d'une casquette de 2 fr. 25 c. et d'une ceinture de 0 fr. 60 c. : combien lui revient-il ?

399. J'ai payé 604 fr. 35 c. sur une dette, qui se trouve ainsi réduite à 435 fr. 65 c. : quel en était le montant ?

400. Un maquignon m'a vendu trois chevaux : le premier, 648 fr.; le second, 150 fr. de moins, et le troisième autant que les deux autres : combien me coûtent ces trois chevaux ?

401. Une personne doit 732 fr. 45 c.; mais, n'ayant pas de quoi remplir ses engagements, elle emprunte 255 fr. 80 c., et il lui reste 20 fr. : que possédait-elle d'abord ?

402. Un colis, déclaré pour 64 kilog. 538 grammes, pèse 65 kilog. 400 gr. : quel est l'excès du poids réel sur le poids déclaré ?

403. Deux associés ont partagé un bénéfice de 2.138 fr.; le premier a eu 975 fr. 45 c. : combien le second a-t-il eu plus que lui ?

404. Un marchand de bois en a six piles :

la première et la seconde, de 84 st. 6 décist. ; la troisième, de 108 st. 7 décist. ; la quatrième et la cinquième, de 96 st. 35 centist., et la dernière, de 129 st. 2 décist. : combien a-t-il de stères en tout ?

405. Trois ouvriers, travaillant au même atelier, gagnent : le premier, 65 fr. 80 c. par mois ; le second, 16 fr. 20 c. de moins, et le troisième autant que les deux autres, moins 31 fr. : quel est le gain de ce dernier ?

406. Au 1er janvier, un aubergiste possédait 416 litres d'alcool, 532 l. de Cognac, 840 l. d'eau-de-vie de Montpellier, et 1,044 l. de trois-six du Nord : combien possédait-il de ces spiritueux ?

407. Au 1er mars, les commis ont constaté 328 litres d'alcool, 392 l. de Cognac, 649 l. d'eau-de-vie de Montpellier et 867 l. de trois-six du Nord : combien cet aubergiste a-t-il vendu de spiritueux pendant les deux premiers mois de l'année ?

408. Quel était le montant d'une dette, pour le paiement de laquelle on a donné 846 fr. 75 c. en espèces et deux reconnaissances de 425 fr. 25 c. ?

409. Un jardinier a semé 875m,87 de

bordures, savoir : 196m,18 en chicorée sauvage, 305m,54 en persil, et le reste en fleurs : combien en a-t-il semé de mètres de ces dernières ?

MULTIPLICATION.

29. Ce signe × se nomme *multiplié par*, et indique que l'on doit *multiplier* le premier nombre par le second, c'est-à-dire faire une *multiplication*.

30. Le *multiplicande* est le nombre à multiplier ; il précède le signe ×.

31. Le *multiplicateur* est le nombre par lequel on multiplie le multiplicande ; il précède l'expression *fois plus*, dans les raisonnements, et se place après le signe × dans les formules.

32. Le résultat de la multiplication se nomme *produit*. Ses unités portent le même nom que celles du multiplicande, excepté quand on

3.

multiplie des longueurs, pour avoir une surface ou un cube. Un produit partiel est le produit du multiplicande par un des chiffres du multiplicateur.

33. Le multiplicande et le multiplicateur sont les *facteurs* du produit.

(*a*) On appelle *multiple* d'un nombre un autre nombre qui le contient plusieurs fois exactement.

(*b*) Le multiple est décimal s'il le contient 10 fois, 100 fois, 1.000 fois, etc.

(*c*) Elever un nombre au carré, c'est le multiplier par lui-même.

34. Pour faire une multiplication, on pose le multiplicateur sous le multiplicande, et on a toujours soin de poser le premier chiffre de chaque produit partiel sous celui du multiplicateur par lequel on multiplie..

35. On fait la preuve de la multiplication en prenant le multiplicande pour multiplicateur, et réciproquement : le second produit doit être égal au premier.

36. Quand les facteurs sont des nombres décimaux, on opère sans faire attention aux virgules; mais, au produit, on sépare autant de chiffres décimaux qu'il y en a aux deux facteurs réunis.

37. Pour multiplier un nombre entier par 10, 100, 1.000, etc., on place, à la droite de ce nombre entier, autant de zéros qu'il y en a au multiplicateur 10, 100, 1.000, etc.

38. Pour multiplier un nombre décimal par ces mêmes nombres, on avance la virgule d'autant de rangs à droite qu'il y a de zéros au multiplicateur.

39. On doit faire une multiplication : 1° quand la réponse doit être un produit ; 2° quand on veut rendre un nombre *tant* de fois plus grand ; 3° pour calculer les surfaces et les cubes ; 4° quand, en raisonnant la question, on réunit les nombres par l'expression *fois plus*.

40. La multiplication est une opération par laquelle on répète autant de fois le multiplicande que le multiplicateur contient d'unités : la réponse se nomme *produit*.

EXERCICES SUR LA MULTIPLICATION, LA SOUSTRACTION ET L'ADDITION.

410	411	412	413	414
4.321	1.234	1.342	421,3	14,23
×2	×3	×4	×5	×6

415	416	417	418	419
87.659	79.685	857,96	6.897	5.798
×2	×3	×4	×5	×6

420	421	422	423	424
87.596	348,75	6.234,5	97,268	8.795,4
×7	×8	×9	×6	×9

425	426	427	428	429
747,65	14.578	6.842,7	234	567
×8	×7	×9	×21	×12

430	431	432	433	434
98,3	369	48,6	975	6,48
×22	×34	×5,6	×46	×54

435	436	437	438	439
37.542	84.567	54.382	37,598	84.756
×37	×4,9	×0,97	×68	×59

440	441	442	443	444
48,754	763,92	94.875	6.597,8	54.382
×32,5	×67,9	×482	×31,72	×64.157

445. 13.58×678=
446. 2.476×24,5=
447. 4.068×3,69=
448. 35.678×340=
449. 9.156×507=
450. 2.408×30,6=
451. 2.845—2.767=
452. 64.025×3,042=
453. 82.546+38.524+1.739=
454. (74,35+8,65)×68=
455. (15,07×430)—3.216,91=
456. 2.093×3,06=
457. (3.700×1,40—4.123,32=
458. (34×7)+(22,5×8)=
459. (48,5×9)—(28,24×10)=
460. (6.106+2.308)×42,5 — 248,600=
461. (54—38,25)×125+2.138,18=
462. 22,50×9×39=
463. (628,34×62,85)×12=
464. 150.482—80.474=
465. 148,25×3.715=
466. 428×20,60=
467. 3.902×6.458=
468. (618,34×12)+62,85=
469. 7.264×9,035=
470. 6.037×84,52=
471. 108.642—76.543=

472. (1.896×2.875)—(943×4.069)=

473. 83.135×7.463=

474. 83.135×4.673=

475. (8.135,25—7.408,30)×0,75=

476. 7.936×9.485=

477. (3.012×7.689)—(6.108×2.986)=

478. 75.463+85.463+3.647+842+4,216=

479. 38.576×120,48=

480. 19,358×60.294=

481. 78.505.392—64.360.566=

482. 1.831,53—(954,64+722,05)=

483. 12.211+34.043+45.947=

484. (100.100—93.093)×39=

485. 63.840+70.014+216.431+21.112+23.475+5.469=

486. 278.463,5—198.464, 25=

487. 347,50×5.782=

488. 985,75×857,40=

489. 28.057×157,65=

490. (8,33×76+6,85×100)—1.542=

491. (35,60—3,56)×36×12+63,70=

492. 1.300—(18,75+1,85×104)=

493. (277,81+416,39)—(2,82×96+78)=

494. 803.512,12—633.652=

495. 5.000.024.016,045+(184.128,17×1.000=

496. 54.328×1.479=

497. 280,47×325,6=

498. 489,7×100×580=

499. 23·486×2.698=

500. 1.957,8×37,95—(398,5×100)=

501. 160.580×4.897=

502. 91.321—74.279,35+1.000×0,25=

503. 807+4,205×2,5×363×9=

504. 4.567×20.689=

505. 23.256,735+ 9.754,56 +640,04+82,5+5,974=

506. 24.010.100—(624.132×25,75)=

507. 78.638.026—78.628.765=

508. 4.738,02+543,825=

509. 3.839×6.655=

510. 56.978×10.313+38.050.000.030=

511. 578,25×42.820—16.000.010=

512. 792,30×756,40=

513. 93.027×10×20.435=

514. 6.795×80,39=

515. 325,6×67,48×44,16=

516. 60.580×89,7=

517. 38.957×572,34=

518. 89,375×705,2=

519. 523.457×963=

520. 204.510,45+140.399,6=

521. 761.270,08—721.839,495=

522. 842.107+63.648+2.196=

523. 13.000.085.006,017 — (160.580 × 48.097)=

524. 17,35×12+5,64×16×42=

525. 21.815×4.363=

526. 67.492×3.526×600.000=

527. 58.074×13.507=

528. 612.754×0,82—(4.026×100=

529. 104.741,95—85.654,08=

530. (28.695×409)+(22.569×63)=

531. 160.503×750=

532. 642+375+548+97×105=

533. (9.781×3.027)—(8.156 × 2.350)=

534. 57.265×748×1.000=

535. 472.758×695×500=

536. 20.578×3.939×0,25=

537. 542.305,38×7=

538. 2.103.052,1—778.484,21=

539. 9+4+7+38+5+19+23=

540. 0,47+4,2+6,25+0,08+1,45+3=

541. 12,49+0,805+8,25+25,5+7,168 +13,7+9,34=

542. 0,65×19.573×37,95=

543. 20.689×45.067×0,05=

544. 300.000—1.937,5×95,38=

545. (75.296×7.258)+(69.400×9.827)=

546. 91.321,032—74.279,35=

547. 23.975,86×2.698,03×10=

MULTIPLICATIONS MENTALES.

548. Georges a gagné 2 bons points pendant 4 jours de suite : combien cela lui en fait-il ?

549. Henri a joué avec 6 camarades, qui lui ont gagné chacun 20 billes : quelle est la perte d'Henri ?

550. Un marchand a acheté 5 pièces de toile à 200 fr. la pièce : combien a-t-il dû payer ?

551. Combien doit-on payer pour 8 gilets à 12 fr. le gilet ?

552. A 22 fr. le mètre de velours, combien coûteront 7 mètres ?

553. Une cour a 120 mètres de long et 30 mètres de large : quelle est sa superficie ?

554. J'ai acheté 9 barriques de bière, contenant chacune 102 litres : combien en ai-je de litres en tout ?

555. Combien doit-on payer pour 10 stères de bois à 13 fr. le stère ?

556. Que coûteront 100 mètres de toile à 1 fr. 85 c. le mètre ?

557. Un ouvrier, qui a gagné 18 fr. pendant une semaine, a dépensé 2 fr. par jour : combien lui est-il resté ?

558. Trois vaches ont donné chacune 16 litres de lait ; on en a consommé 30 litres : combien en convertira-t-on en beurre ?

PROBLÈMES SUR LA MULTIPLICATION, LA SOUSTRACTION ET L'ADDITION.

559. Si le blé vaut 19 fr. 85 c. l'hectolitre, quelle est la valeur de 284 hectolitres ? — R. 19,85×284=

560. Un domestique gagne 37 fr. 25 c. par mois : combien lui est-il dû pour 2 ans et 7 mois de gages ? — R. 37,25×31=

561. Un porc, pesant 163 kilogrammes, est vendu à raison de 1 fr. 38 c. le kilogr. : quel en est le prix ?

562. Combien est-il dû à une ouvrière qui a confectionné 14 douzaines de chemises, qui lui sont payées 1 fr. 15 c. la pièce ? — R. 1,15×12×14=

563. Un tisserand, qui fait 3^{m},65 de drap par jour, travaille à une pièce depuis 23 jours : quelle est la longueur de la pièce ?

564. Dites la valeur d'une balle renfermant 328 kilogrammes à 1 fr. 85 c. le kilogramme ?

565. Un propriétaire a 107 arbres qui lui ont produit 194 litres de fruits en moyenne : à combien se monte sa récolte?

566. Un mercier a acheté 3 douzaines de pièces de rubans, contenant chacune 24m,82 : combien cela fait-il de mètres en tout?

567. Un ouvrier, qui bine 31 ares 65 c. de colza par jour, a travaillé pendant 26 jours dans un champ, et il reste encore 23 ares 18 centiares à biner : quelle est l'étendue du champ? — R. 31,65×26+23,18=

568. Un industriel a acheté 328 arbres, qui lui ont fourni en moyenne 1 stère 24, propre à l'industrie, et 2 stères propres au chauffage : combien cela lui fait-il de stères de chaque sorte et en tout?

569. Que doit payer un propriétaire qui a acheté deux chevaux à 746 fr. l'un, une voiture 358 fr. et un cabriolet 1.030 fr.?

570. Que manque-t-il à une personne qui a 79.036 fr. pour payer 3 billets de 29.105 fr. 50 c.? — R. (29.105,50×3)—79.036=

571. Une personne donne un billet de 100 francs en paiement de 6 chaises à 7 fr. 65 c. et de deux fauteuils à 26 fr. 35 c. combien doit-on lui rendre? — R. 100—(7,65 ×6)+(26,35×2)=

572. Combien doit-on revendre, pour gagner 42 fr. 90 c. sur chaque cheval, 29 chevaux qui ont coûté ensemble 7.432 fr. ?

573. Sur une somme de 6.935 fr. 20 c., on a pris deux fois 1.734 fr. 50 c. et une fois 2.047 fr. 85 c. : combien reste-t-il ?

574. Pour payer 4m,60 de ruban, à 0 fr. 15 c. le mètre, je donne une pièce de 5 fr. : combien doit-on me rendre ?

575. Une prairie, de forme rectangulaire, a 42m,60 de long sur 94m,70 de large : quelle est sa valeur à 1 fr. 30 c. le mètre carré ?

576. Un objet a coûté 58 fr. 35 c. d'achat et 4 fr. 67 c. de transport : combien doit-on le vendre pour gagner 6 fr. 98 c. ?

577. Un marchand achète 82m,45 de drap pour 764 fr. 20 c., et il le revend 12 fr. 55 c. le mètre : quel est son bénéfice ?

578. Quel est le nombre de stères contenus dans une pile de bois longue de 6m,50, large de 1m,30 et haute de 2m,66 ?

579. Combien doit-on pour une caisse renfermant 138 kilog. 500 gr. de chocolat à 3 fr. 97 c. le kilo, la caisse étant comptée 1 fr. 20 c. ?

580. Un ouvrier, qui travaille 309 jours

dans une année, reçoit 2 fr. 45 c. par jour : à combien se monte son gain de l'année?

581. Un cultivateur a vendu 100 hectolitres de froment à 19 fr. l'hectolitre, et 1.000 bottes de paille à 0 fr. 35 c. la botte : combien a-t-il dû recevoir pour ces deux articles?

582. Une mercière achète 8 pièces de passementerie, contenant chacune 30 mètres, moyennant 56 fr. 80 c. : quel bénéfice fera-t-elle sur cet article qu'elle vend 0 fr. 30 c. le mètre ?

583. Une ménagère veut acheter de la toile pour faire 12 tabliers : combien lui en faut-il de mètres, chaque tablier en employant $0^{m},93$?

584. Combien doit-on payer pour 4 douzaines d'assiettes à 0 fr. 225 mill. l'une ?

585. Quelle est la recette d'une fermière qui a vendu 8 kil. 25 gr. de beurre à 2 fr. 30 c. le kilogramme ?

586. Combien doit-on acheter de toile pour faire 3 douzaines et 6 chemises, s'il en faut $2^{m},85$ pour une ?

587. Pour 1 fr. on a 1 kil. 475 gr. de sucre : combien en aurait-on pour 75 fr. 80 c. ?

588. Combien coûtera une pièce de terre

de 372 ares 58 centiares à 20 fr. 40 c. l'are?

589. A 36 centimes le litre de vin, combien coûte une pièce de 234 litres?

590. Un négociant achète 63 tonneaux de morues, contenant chacun 268 queues, qu'il vend 1 fr. 65 c. pièce : combien gagne-t-il sur son marché, sachant qu'il a payé 21.406 fr. d'achat et 5.452 fr. 60 c. de transport?

591. Je devais 208 fr. à mon frère; pendant ma maladie, il a payé pour moi 48 fr. 70 c. de pharmacie et 186 fr. 80 c. de visites du médecin : combien dois-je maintenant à ce bon frère?

592. Il y avait 135 arbres fruitiers dans mon jardin; j'en ai arraché 32 qui ne produisaient plus, et j'en ai replanté 57 : combien mon jardin compte-t-il d'arbres actuellement?

593. Combien coûte, à 1 fr. 42 c. le kilogramme, un pain de sucre pesant 9 kil. 250 grammes?

594. Un bûcheron fait 0 st. 38 centist. de copeaux par jour : combien en aura-t-il au bout de 163 jours?

595. Un ouvrier consomme pour 0 fr. 10 c. e tabac par jour; il dépense 2 fr. 50 c. er divertissements tous les dimanches, et perd chaque semaine une journée de travail de 2 fr. 80 c. : combien cet ouvrier dépense ou perd-il d'argent inutilement chaque année?

596. Un jeune homme de 16 ans, pour soutenir plus efficacement ses vieux parents, désire s'exonérer du service militaire. Dans ce but, il épargne 5 fr. par semaine jusqu'à l'âge de 21 ans, âge qu'il aura à l'époque de la révision : combien lui manquera-t-il pour payer les 2.100 fr., taux de l'exonération ?

597. Vu sa bonne conduite, un de ses oncles lui donne 150 fr. ; son parrain, 120 fr. ; son maître, 90 fr., et un ami, 40 fr. ; de plus, le maire de sa commune lui prête, sans intérêt, la somme qui lui manque pour parfaire son paiement : quelle est cette somme?

598. Vingt-quatre tonneaux de vin de 236 litres sont vendus à raison de 0 fr. 64 c. le litre à un marchand, qui revend le tout 4.080 fr. : quel est son bénéfice?

599. Un ouvrier économe a épargné 425 francs, qu'il prête pour un an à son voisin moyennant 0 fr. 05 c. par franc d'intérêt : quelle somme cet ouvrier aura-t-il à recevoir à l'époque du remboursement?

600. Mon boulanger m'a fourni 143 pains

de 2 kilogr. 5 à 0 fr. 29 c. le kilogramme : combien lui dois-je?

601. Un marchand a acheté 28 douzaines d'assiettes à 0 fr. 234 mill. l'assiette, et 13 douzaines à 0 fr. 48 c. pièce : combien doit-il pour cela?

602. Un coquetier a acheté 347 douzaines d'œufs à 0 fr. 65 c. la douzaine, et 209 douzaines à 0 fr. 58 c. : à combien se montent ces deux acquisitions?

603. Combien gagne par an un domestique qui reçoit 31 fr. 60 c. par mois?

604. J'ai acheté 100 pommes que j'ai partagées entre cinq enfants : le premier en a eu 12; le second, 18; le troisième, 7 de plus que le second, et le quatrième autant que les deux premiers : quelle a été la part du cinquième?

605. La moitié de ce que j'ai dans ma bourse est de 35 fr. 95 c. : combien y a-t-il dans ma bourse?

606. J'ai ôté 1.402 fr. 25 c. de mon secrétaire, et il reste encore deux fois autant : combien y avait-il auparavant?

607. Le quart d'une succession est de 3.185 fr. 35 c. : quelle est cette succession?

608. Combien valent 75 douzaines de balais à 0 fr. 75 c. le balai?

609. Trois personnes ont acheté un tas de bois qu'elles se sont partagé également ; l'une d'elles me cède le tiers de sa part, c'est-à-dire 4 stères 38 : combien cubait ce tas de bois?

610. On veut entourer de palissades un jardin long de $61^{m},35$ et large de $28^{m},74$: combien coûtera cette clôture, le mètre courant valant 1 fr. 92 c. tout posé ?

611. Une personne donne 0 fr. 90 c. par semaine aux pauvres : combien donne-t-elle par an ?

612. Un marchand a acheté 575 fr. 25 moutons, qu'il revend ensuite 26 fr. 75 c. l'un : combien gagne-t-il ?

613. Un cultivateur a vendu 297 agneaux à 16 fr. 75 c. l'un, et a reçu 2.580 fr. d'à-compte : combien lui doit-on encore ?

614. Un faïencier a acheté 18 douzaines d'assiettes ; pendant le transport, il en a cassé 13 : combien lui en reste-t-il ?

615. Un entrepreneur a employé 96 ouvriers pendant 321 jours à une construction, pour laquelle il reçoit 100.000 fr. : quel est son bénéfice, sachant qu'il paie ses ouvriers en moyenne 3 fr. par jour?

616. Combien paiera-t-on un pain de sucre pesant 12 kil. 5 à 0 fr. 67 c. le demi-kilogramme?

617. Un charretier laboure 4 ares 05 de terre à l'heure : combien en laboure-t-il en une semaine, s'il travaille 10 heures par jour?

618. Une propriété se compose de 68 hect. 27 ares de terre labourable, 29 hect. 08 ares de pré, 11 hect. 09 ares de vigne, et d'un étang de 34 ares : quelle est son étendue?

619. Cette propriété est louée ainsi qu'i suit : les terres, 64 fr. 70 c. l'hectare; le pr et la vigne, 192 fr. 80 c. l'hectare, et l'étan rapporte 42 fr. 75 c. par an : quel est le pro duit de cette propriété?

620. Dans une coupe de bois formant l dix-huitième partie d'une forêt, on a fait 9 lots de 42 ares 77 : quelle est l'étendue d'un coupe et celle de la forêt?

621. Combien doit-on payer pour un pile de bois longue de 12m,85, large de 1m, et haute de 1m,65, à 9 fr. 45 c. le stère?

622. Quel est le poids d'une somme argent de 328 fr. 80 c., sachant que 5 gramm sont le poids de 1 franc?

623. Combien y a-t-il de jours dans ans, sachant qu'il y a dans cet espace de tem

21 années bissextiles, c'est-à-dire ayant un jour de plus que l'année commune?

624. Un puits a été creusé par 8 terrassiers en 6 jours : combien aurait été de jours un seul terrassier?

625. Un pain de sucre pèse 11 kilog. 135 grammes : quel est le poids de 317 pains du même poids?

626. Un hectolitre de pommes de terre pesant 176 kilogrammes, quel est le poids d'une récolte de 438 hectolitres?

627. Une famille dépense 5 fr. 90 c. par jour : combien doit-elle gagner par an pour pouvoir économiser 270 fr.?

628. Une diligence parcourt 3 kilomètres 3 hectomètres en un quart d'heure : combien parcourt-elle en 13 heures 1/2 (13,5)?

629. Si l'hectolitre de charbon pèse 134 kilog. 400 gr., quel est le chargement d'une voiture qui en porte 66 sacs de 2 hectolitres?

630. Combien doit-on payer pour 12 pièces de bord, de chacune $28^{m},82$, à 0 fr. 025 mill. le mètre?

631. Combien devra-t-on récolter dans un champ de 4 hect. 76 ares, dans lequel on a semé 1 hectol. 78 litres par hectare, si le rendement est 19 fois 1/2 (19,5) la semence?

632. Combien pèsent 45 litres 72 centil. d'huile d'olives, le litre pesant 915 grammes ?

633. Quelle est la valeur de $0^m,45$ de bord à 0 fr. 15 c. le mètre ?

634. A 0 fr. 85 centimes le litre d'eau-de-vie, combien valent 0 l. 05 centilitres ?

635. Quelle est la consommation annuelle en pain d'un village de 842 habitants, chaque habitant consommant en moyenne 582 gr. ?

636. Combien faut-il de mètres de fil de fer pour fabriquer 100 kilogrammes de clous de $0^m,045$, sachant qu'il en entre 643 dans un kilogramme ?

637. Un vigneron a récolté 3.500 litres de vin par hectare dans sa vigne, ayant 18 hectares 36 ares : combien peut-il en vendre, s'il en garde pour sa consommation 17 pièces de 230 litres ?

638. Pour doubler un gilet on emploie $0^m,35$ de doublure à 0 fr. 80 c. le mètre : combien coûte ce gilet, le devant ayant été payé 3 fr. 85 c., la façon et les menues fourniture, 1 fr. 60 c. ?

639. Pour un certain ouvrage, un maître a employé 34 ouvriers pendant 16 jours, et, pour un autre ouvrage semblable, il a employé 24 ouvriers pendant 22 jours : combien le second ouvrage a-t-il coûté moins que le premier, chaque ouvrier recevant également 2 fr. 65 c. par jour ?

640. Combien a déjà vécu de minutes un enfant qui a 3 ans et 133 jours (le jour a 24 heures et l'heure 60 minutes) ?

641. Un enfant a lu un ouvrage en 31 jours : combien ce livre renferme-t-il de lignes, sachant qu'il y en a 42 dans une page et que l'enfant en lisait 25 pages chaque jour ?

642. Quelle est la recette d'un marchand qui a vendu 16 pièces de toile de chacune 75m,80, à 2 fr. 35 c. le mètre ?

643. Combien doit un tailleur qui a payé 413 fr. 50 c. sur le prix d'une pièce de drap de 46m,75, à 19 fr. 60 c. le mètre ?

644. Un commerçant achète 36 kilog. de chandelle à 1 fr. 24 c. le kilog., et il la revend 1 fr. 70 c. le kilogramme : quel est son bénéfice ?

645. Un maître a 4 ouvriers qui gagnent chacun 4 fr. 25 c. par jour ; 6 autres qui gagnent 2 fr. 90 c., et enfin 10 qui gagnent 1 fr. 80 c. : combien faut-il à ce maître pour leur payer 28 jours de travail ?

646. Pour se faire un habit, un jeune homme achète 1m,35 de drap à 23 fr. 75 c. le mètre, $1^m,70$ de doublure à 1 fr. 15 c., pour 2 fr. 80 c. de fournitures, et paie 21 fr. 60 c. pour la façon : à combien lui revient ce vêtement ?

647. En vendant $34^m,25$ de drap 385 fr., le marchand a gagné 2 fr. 90 c. par mètre, combien avait-il payé ce drap ?

648. Combien paiera-t-on pour 24 grosses de boutons de nacre à 0 fr. 35 c. la douzaine (une grosse se compose de douze douzaines)?

649. Quelle est la valeur d'une marche ayant $4^m,12$ sur $0^m,48$, à 7 fr. 96 c. le mètre carré ?

650. Combien doit-on payer pour la mise en couleur d'un parquet long de $5^m,18$, large de $3^m,89$, à 0 fr. 85 c. le mètre carré ?

651. Combien coûterait la peinture des 4 murs et du plafond d'une pièce longue de $8^m,45$, large de $5^m,68$ et haute de $3^m,20$?

652. Que faut-il payer pour les 4 murs d'un jardin à 9 fr. 41 c. le mètre cube, sachant que 2 de ces murs ont $124^m,50$ de longueur, les 2 autres $86^m,40$, qu'ils sont hauts de $2^m,45$ et épais de $0^m,38$?

653. Combien faut-il de mètres cubes de cailloux pour construire une chaussée qui aura 2.642^{m} de longueur, sur 3^{m},66 de largeur et 0^{m},26 d'épaisseur?

654. Un spéculateur achète 164 hectares 76 ares de terre à raison de 1.050 fr. l'hectare; il en vend 92 lots de 1 hect. 60 à raison de 1.206 fr. 50 c. l'hectare : combien lui reste-t-il de la propriété et combien fait-il, en outre, de bénéfice?

655. Un jeune homme, qui a 45 fr. dans sa bourse, dépense 8 fr. 80 c. ; puis, il gagne 6 fr. 65 c., et dépense enfin 9 fr. 85 c. : combien a-t-il actuellement?

656. Un rentier, qui a 4.548 fr. de revenu annuel, fait dans une année pour 2.135 fr. de dépenses pour l'entretien de sa famille et 1.264 fr. pour celui de ses propriétés : combien économise-t-il?

657. Une voiture chargée de 65 sacs de farine de 112 kilog. chacun, accuse sur la bascule un poids de 10.100 kilog. : quel est le poids de la voiture?

658. En dépensant 4 fr. par jour, une famille fait pour 18 fr. 25 c. de dettes au bout de l'année : quelles sont ses ressources?

659. Une personne qui épargne un quart de son gain, a fait une économie de 316 fr. 75 c. en un an : quel est son gain annuel?

660. Je possède 4.789 fr. 05 c., et il me manque 2.865 fr. 20 c. pour payer une dette : quel est le montant de cette dette?

661. Un jeune homme dépense chaque année 78 fr. pour jouer au billard, 37 fr. 80 c. pour fumer et autant pour boire la goutte : combien ce jeune homme pourrait-il épargner en 5 ans s'il n'avait pas ces funestes habitudes?

662. Un jeune homme rangé a économisé le sixième de son gain d'une année, et il en a acheté 24 chemises à 5 fr. 25 c. la pièce et un paletot de 52 fr. 80 c. : combien gagne ce jeune homme?

663. Un ouvrier épargne chaque semaine 1 fr. 35 c. pour payer son loyer, qui est de 70 francs : combien lui manque-t-il ou lui reste-t-il ?

664. Avec 1 kilogramme de farine on fait 1 kil. 240 gr. de pain : combien fera-t-on de pain avec 36 sacs pesant 59 kilogrammes?

665. De combien le nombre 34.802 surpasse-t-il 16.848 ?

666. Un ouvrier, qui fait $3^{m},68$ d'ouvrage à l'heure, a travaillé 12 heures par jour depuis le 2 janvier au matin jusqu'au 28 février au soir : combien a-t-il fait de mètres ?

667. J'ai acheté 96 kilogrammes de marchandises pour 1.680 fr. ; j'en ai revendu 49 kilogrammes à 19 fr. 20 c., et le reste à 22 fr. 35 c. : quel a été mon bénéfice?

668. Un marchand a acheté 38 mètres de mérinos à 3 fr. 85 c. et 26m,50 à 4 fr. 30 c. ; il revend le tout à raison de 4 fr. 60 c. le mètre : quel sera son bénéfice ?

DIVISION.

41. Ce signe : se nomme *divisé par*, et indique qu'il faut diviser le nombre de gauche par celui de droite, c'est-à-dire faire une *division*.

42. Le *dividende* est le nombre à diviser; il précède le signe :. Un dividende partiel est une partie du dividende qui contient le diviseur au moins une fois et pas plus de neuf fois.

43. Le *diviseur* est le nombre par lequel on divise le dividende; il précède l'expression *fois moins*, dans les raisonnements, et suit le signe :. Dans l'indication des opérations, le diviseur se place aussi sous le dividende et on les sépare par un trait horizontal.

44. Le résultat de la division se nomme *quotient.*

45. Le quotient aura autant de chiffres, plus un, qu'il en reste à la droite du premier dividende partiel.

46. La grandeur du quotient dépend du dividende en raison directe et du diviseur en raison inverse, c'est-à-dire que plus le dividende est grand, plus le quotient est grand; que plus le diviseur est grand, plus le quotient est petit, et *vice versa.* D'où il résulte qu'on peut multiplier et diviser le dividende et le diviseur par un même nombre sans que le quotient soit altéré.

47. Pour diviser un nombre entier par 10, 100, 1.000, etc., on sépare à sa droite, par une virgule, autant de chiffres qu'il y a de zéros au diviseur : 10, 100, 1,000, etc.

48. Pour diviser un nombre décimal par 10, 100, 1.000, etc., on avance la virgule d'autant de rangs vers la gauche qu'il y a de zéros au diviseur.

49. Quand le dividende et le diviseur, étant entiers, sont terminés par des zéros, on peut en supprimer autant à chacun des deux nombres sans altérer le quotient, ce qui abrége l'opération.

50. Quand le diviseur seul est terminé par des zéros, dans le même but d'abréger l'opération, on supprime ces zéros, et on divise le dividende, comme il a été dit précédemment, par 10, 100 ou 1.000, suivant qu'on a supprimé un, deux ou trois zéros au diviseur.

51. Pour faire une division, on écrit le diviseur à la droite du dividende; on les sépare par un trait vertical, et on souligne le diviseur, sous lequel on écrit les chiffres du quotient.

52. La preuve de la division se fait en multipliant le quotient par le diviseur; le produit augmenté du reste, s'il y en a un, doit être égal au dividende.

53. Quand le dividende seul est décimal, on divise d'abord sa partie entière par le diviseur, et, aussitôt qu'on emploie le premier chiffre décimal, on met une virgule au quotient et on continue l'opération.

Quand le diviseur seul est décimal, on met à la droite du dividende autant de zéros qu'il y a de chiffres décimaux au diviseur; puis on opère comme pour deux nombres entiers.

Quand le dividende et le diviseur ont des chiffres décimaux en nombre égal, on néglige les virgules et on opère comme il est dit précédemment.

Si le dividende a moins de chiffres décimaux que le diviseur, on y ajoute des zéros et on néglige également les virgules.

Si le dividende a plus de chiffres décimaux que le diviseur, on supprime la virgule de ce dernier, et on avance celle du dividende d'autant de rangs à droite qu'il y avait de chiffres décimaux au diviseur; puis on opère comme pour la division d'un nombre décimal par un nombre entier.

54. Pour avoir un nombre déterminé de chiffres décimaux au quotient, après avoir disposé l'opération comme il est dit ci-dessus, on donne au dividende autant de chiffres décimaux que doit en avoir le quotient.

55. On doit faire une division : 1° quand la réponse doit être un quotient; 2° quand on veut partager un nombre ou le rendre *tant* de fois plus petit; 3° quand on cherche combien de fois un nombre en contient un autre; 4° quand, connaissant un produit et l'un de ses facteurs, on veut trouver l'autre facteur; 5° pour réduire une fraction ordinaire en fraction décimale; 6° quand, en raisonnant la question, on réunit les nombres par l'expression *fois moins*.

56. La Division est une opération par laquelle on cherche combien de fois le dividende contient le diviseur, ou bien une opération qui consiste à chercher un nombre, nommé *quotient*, qui soit contenu dans le dividende autant de fois que le diviseur contient d'unités.

EXERCICES SUR LA DIVISION ET LES TROIS AUTRES OPÉRATIONS.

669	**670**	**671**	**672**	**673**	**674**
8 | 2	8 | 4	2 |	6 | 1	9 | 3	6 | 2

675	**676**	**677**	**678**	**679**
6 | 3	7 | 2	12 | 3	12 | 6	12 | 4

680	**681**	**682**	**683**	**684**
13 | 5	15 | 5	18 | 2	16 | 4	17 | 8

685	**686**	**687**	**688**	**689**
14 | 7	18 | 5	18 | 9	20 | 6	25 | 8

690	**691**	**692**	**693**	**694**
24 | 3	24 | 5	26 | 6	28 | 7	24 | 4

695	**696**	**697**	**698**	**699**
30 | 8	32 | 7	36 | 9	37 | 6	33 | 4

700	**701**	**702**	**703**	**704**
35 | 7	44 | 7	48 | 6	42 | 8	46 | 5

<table>
<tr><td>705</td><td>706</td><td>707</td><td>708</td><td>709</td></tr>
<tr><td>40 | 8</td><td>49 | 7</td><td>56 | 8</td><td>51 | 6</td><td>54 | 9</td></tr>
<tr><td>710</td><td>711</td><td>712</td><td>713</td><td>714</td></tr>
<tr><td>63 | 7</td><td>72 | 9</td><td>84 | 9</td><td>38 | 2</td><td>63 | 4</td></tr>
<tr><td>715</td><td>716</td><td>717</td><td>718</td><td>719</td></tr>
<tr><td>59 | 3</td><td>85 | 5</td><td>95 | 7</td><td>96 | 8</td><td>187 | 11</td></tr>
</table>

<table>
<tr><td>720</td><td>721</td><td>722</td><td>723</td></tr>
<tr><td>374 | 22</td><td>429 | 33</td><td>528 | 44</td><td>148 | 6</td></tr>
<tr><td>724</td><td>725</td><td>726</td><td>727</td></tr>
<tr><td>825 | 55</td><td>7.920 | 660</td><td>944 | 77</td><td>975 | 88</td></tr>
<tr><td>728</td><td>729</td><td>730</td><td>731</td></tr>
<tr><td>222 | 12</td><td>668 | 21</td><td>546 | 13</td><td>9.610 | 310</td></tr>
<tr><td>732</td><td>733</td><td>734</td><td>735</td></tr>
<tr><td>798 | 32</td><td>642 — 264</td><td>387 + 477</td><td>398 × 49</td></tr>
</table>

<table>
<tr><td>736</td><td>737</td><td>738</td></tr>
<tr><td>3.980 | 70</td><td>600 | 80</td><td>846 | 9</td></tr>
</table>

739. 2.890 : 50

740. 392×48

741. 998 : 14

742. 8.216 : 41

743. 24.130 : 60

744. 625×48 : 53

745. 638,5 : 26,2

746. 537,2 : 93+135,5 : 19

747. 2.815,25 : 6,45—316,90=

748. 10,60—(691,18 : 89)=

749. (16+11+18+15) : 58=

750. 23.710,40 : (35+28+43+38)=

751. 784 : 952+292,5 : 917=

752. 6.545,88—86,13 : 9,57=

753. 5.947,58×2,25 : 85,70=

754. (46,886 : 98,5)×100—27,594=

755. 6.440 : (7,5×2,05)=

756. (2.526,38 : 36,4)+54.6=

757. (638,2 : 0,35)+1,96×72,5=

758. 3.756.543,8—64,04 : 8.546=

759. (894.288,78 : 2.486) —(2.084.700 : 64,08)=

760. (2.884.658,56+305,81) : 325,32)—(812,8 : 26,275)=

761. (722,7547,2 : 0.423)× (777,767,8 : 0,846)=

762. (766.407,95: 4.235)+(329.754,04 : 7.786,4)=

763. 776.328,94 : (25,702×1.000)=

764. (9,097×10) : 0,369)—195,60=

765. 76.580 : 9.800)×(3,25+6,38 + 2,92)—45,75=

766. 30—(8,2272 : 0,384)+(8,16×0,97) =

767. (1.060×17.240) : 8.500—(909,7× 100 : 0,369)=

768. 2.885,33 : 2,485)+(9.586 : 0,39)+ (8.226,25 : 192)+(65,75 : 3,3)=

DIVISIONS MENTALES.

769. Honoré a gagné 8 bons points en 4 jours : combien cela lui fait-il par jour?

770. Six enfants se sont partagé également 3 corbeilles contenant chacune 40 pommes : combien chaque enfant a-t-il eu de pommes ?

771. Un fabricant de drap en a livré 5 pièces pour 2.500 francs : combien valait chaque pièce?

772. Un cultivateur a acheté 4 paires de bœufs pour 2.400 fr. : à combien revient chaque bœuf ?

773. Une souscription, couverte par 60 signatures, a produit 480 fr. : combien chaque souscripteur dut-il verser en moyenne ?

774. Un ouvrier, qui gagne 3 fr. par jour, dépense, en 30 jours, ce qu'il gagne en 20 : quelle est sa dépense journalière?

775. Un patron paie 326 fr. à ses ouvriers et 174 fr. aux manœuvres pour 20 jours de travail : combien paie-t-il par jour?

776. Cinq coupons de toile, de chacun 3 mètres, coûtent 75 fr. : quel est le prix du mètre?

777. Un marchand mélange 3 hectolitres de vin à 34 fr. avec 7 hectolitres à 24 fr. : à combien revient l'hectolitre du nouveau vin ?

778. Dans 12 ares de terrain, on a récolté 264 litres de blé : quel est le rendement à l'are? *(Prendre le tiers, puis le quart du tiers.)*

PROBLÈMES SUR LES QUATRE OPÉRATIONS.

779. Une pièce de toile, mesurant 33m,40, a été payée 75 fr. 15 c. : quel est le prix du mètre?

Réponse : Il est de 75,15 : 33,40 =

780. Un champ, large de 54 mètres et long de 85, a été vendu 6.660 fr. : à combien revient le mètre carré?

Réponse : Il revient à 6660 : (54×85) =

781. Une pile de bois, de 108 stères, a été payée 781 fr. 20 c. : quel est le prix du stère?

782. Une pièce de drap, vendue à raison de 13 fr. 80 c. le mètre, a produit 750 fr. 35 c. : quelle était sa longueur?

783. Un laboureur a semé 346 litres de blé dans un champ, et y a récolté 4.671 litres : combien a-t-il récolté de fois la semence?

784. Une personne qui gagne 3 fr. par jour, les dimanches et six fêtes exceptés, dépense en moyenne 2 fr. par jour : à combien se montent ses économies d'un an ?

785. Un jeune homme rangé économise 15 fr. chaque quinzaine, c'est-à-dire toutes les deux semaines : au bout de combien d'années pourra-t-il acquitter le prix de son exonération, qui est de 2.340 fr. ?

786. La fortune de Xavier est cinq fois plus considérable que celle de Victor : quelle est la fortune de l'un et de l'autre, les deux fortunes réunies se montant à 252.660 fr. ?

R. : 1° V. = 252.660 : 6 = 2° X. = V. × 5 =

787. Une pièce de terre, de forme rectangulaire, a 264 mètres de longueur et une superficie de 285 ares 12 centiares ou 28.512 mètres carrés de surface : quelle est sa largeur ?

788. Quatre douzaines de foulards ont coûté 237 fr. 60 c. : à combien revient le foulard ?

789. Un sculpteur a fait en 7 jours, travaillant 6 heures par jour, un buste qu'il a vendu 120 fr. : combien gagnait-il à l'heure, la matière première lui ayant coûté 15 fr. ?

790. Un domestique, qui touchait seulement 100 fr. annuellement sur ses gages, a reçu de plus 1.422 fr. 50 c. au bout de 4 ans et 5 mois : combien gagnait-il par mois ?

791. Un meunier a acheté 100 sacs de blé du poids de 78 kilogr. pour 1.950 fr. : à combien lui revient le quintal (les 100 kil.) ?

792. Un particulier achète 155 fr. 25 c. un porc qui, tout vidé, pèse 115 kilogrammes : à combien lui revient le demi-kilogramme ?

793. Un marchand, qui avait acheté 87 moutons à 26 fr. 80 c., les revend en bloc 2.430 fr. : combien gagne-t-il par tête ?

794. Un piéton, qui marche 9 heures par jour et parcourt 5 kilomètres 1/2 à l'heure, se rend à une distance de 653 kilomètres : dans combien de jours sera-t-il arrivé au terme de son voyage ?

795. Un verger, qui renferme 83 arbres,

a produit 17.098 litres de fruits : quel est le produit moyen de chaque arbre?

796. Une succession de 440.000 fr. est échue à 11 héritiers, savoir 3 frères du défunt et 8 neveux : quelle sera la part de chacun, ces derniers héritant chacun le quart d'un de leurs oncles ?

797. Un rentier a payé 325 fr. pour l'acquisition de 8 chaises et de 3 fauteuils, ces derniers à 75 fr. l'un : quel est le prix d'une chaise ?

798. Combien y a-t-il d'années (365 j.), de mois (30 j.) et de semaines dans 2.421 jours ?

799. Cent neuf pièces de vin ont coûté 7.870 fr. : à combien revient la pièce ?

800. Un marchand de vin en a acheté pour 19.868 fr. 75 c., à 72 fr. 25 c. le tonneau : combien en a-t-il eu de tonneaux ?

801. Sur une route de 10.500 mètres, il y a des arbres de chaque côté, plantés à 7 mètres de distance : combien y a-t il d'arbres sur cette route ?

802. Une pièce de bord, mesurant 29 mètres, a coûté 1 fr. : à combien revient le mètre ?

803. Un champ de vigne, de forme rectangulaire, a 208 mètres de long sur 135 m. de large, et a coûté 21.060 fr. : combien vaut le mètre carré ?

804. Un cultivateur a récolté 23 hectolitres 1/2 de blé dans 1 hectare de terrain : à combien lui revient l'hectolitre, sachant qu'il paie 78 fr. de loyer, que l'engrais qu'il y a déposé vaut 105 fr. 30 c. et que les frais de culture et de moisson se montent à 141 fr. ?

805. Un rentier, qui a 16.320 fr. de revenu annuel, touche sa rente tous les deux mois : combien reçoit-il chaque fois ?

806. Une jeune personne doit confectionner 275 coiffures : combien sera-t-elle de jours, si elle en fait 12 et 1/2 par jour ?

807. Un bûcheron a fendu 40 stères 15 centistères de bois en 2 jours 3/4 (2,75) : combien gagnait-il par jour, sachant qu'il reçoit 0 fr. 25 c. du stère ?

808. J'ai payé 125 fr. pour 8 pains de sucre, pesant chacun 12 kil. et 1/2 : combien me coûte le kilogramme ?

809. Il faut $0^{m},85$ d'une certaine marchandise pour faire une cravate : combien ferait-on de ces cravates dans une pièce d'étoffe de $48^{m},45$?

810. On a payé 158 fr. pour un tas de

bois long de 7^{m},80,large de 1^{m},20 et haut de 2^{m},50 : à combien revient le stère?

811. Les impositions foncières d'une commune s'élèvent à 5.638 fr. 60 c. ; elle paie en moyenne 8 fr. 45 c. par hectare : quelle est l'étendue du territoire de cette commune?

812. A 1 fr. 70 c. le mètre de ruban, combien en aurait-on pour 1 fr.?

813. Un devant de gilet, mesurant 0^{m},34, a été payé 8 fr. 50 c. : quel est le prix d'un mètre de la même étoffe?

814. On a payé 751 fr. 75 c. à 21 ouvriers pour 13 jours de travail : combien chaque ouvrier gagnait-il par jour?

815. En vendant 0 fr. 60 c. le litre, du vin acheté 143 fr. 60 c. le tonneau, on gagne 43 fr. 60 c. : quelle est la capacité du tonneau?

816. Un franc en argent pesant 5 grammes, quelle est la somme d'argent qui pèse 32.715 gr.?

817. L'or monnayé vaut 3 fr. 10 c. le gramme : dites, d'après cela, le poids d'une pièce de 5 francs en or.

818. Un marchand a acheté 162 mètres d'étoffe pour 1.782 fr.; il en a vendu 125 m. pour 1.625 fr. : combien a-t-il gagné par mètre, et combien gagnerait-il sur le reste s'il le vendait au même prix?

819. Une ménagère reçoit 40 fr. toutes les trois semaines pour ses menues dépenses: combien peut-elle dépenser par jour?

820. J'ai acheté deux coupons de la même toile; le premier, qui a $34^{m},42$, m'a coûté 19fr.55c. de plus que le second, qui a $25^{m},92$: combien m'a coûté le tout ?

821. Combien mettrait de jours pour faire le tour de la terre (40.000.000 de mètres) un voyageur qui ferait 36.400 mètres par jour, supposant que les détours qu'il serait obligé de prendre doubleraient la longueur du trajet?

822. Un ouvrier, qui paie 70fr. 20c. pour le loyer de sa maison, met de côté, chaque semaine, une partie de son salaire pour payer cette somme annuelle : quelle partie de son salaire cette somme représente-t-elle, sachant qu'il reçoit 27 fr. par semaine?

823. Avec 100 kilogrammes de farine on a fait 31 pains de 4 kilogrammes : combien emploie-t-on de farine pour faire 1 kilog. de pain?

824. Combien doit-on payer 435 bottes de luzerne à 32 fr. les 100 bottes?

825. Un employé gagne 1.200 fr. par an : combien doit-il recevoir pour 4 mois et 8 jours ?

826. Un raffineur a livré 2.437 pains de sucre, pesant ensemble 27.416 kil. 25 gr. : quel est le poids de chaque pain de sucre?

827. Une brique a $0^m,20$ de long, $0^m,10$ de large et $0^m,05$ d'épaisseur : combien en faut-il pour élever un mur long de $13^m,80$, haut de $3^m,30$ et épais de $0^m,20$?

828. Combien coûterait l'achat de ces briques à 36 fr. le mille ?

829. Combien coûterait le pavage d'une cour avec des pavés coûtant 325 fr. le mille, tout placés, sachant qu'il en entre 64 sur la largeur et 113 sur la longueur ?

830. Le passage du chemin de fer a quadruplé la valeur d'une propriété qui vaut maintenant 85.600 fr. : combien valait-elle avant le passage du chemin de fer ?

831. Un ouvrier, qui gagne 2 fr. 45 c. par jour, a gagné 668 fr. dans son année : combien a-t-il eu de jours de repos ?

832. Pour faire un tablier, on emploie $0^m,93$ de cotonnade : combien pourra-t-on en faire dans un coupon de $21^m,40$?

833. Une fermière a vendu un pain de

beurre pesant 8 kil. 25 gr., moyennant 20 fr. 15 c. : quel est le prix du 1/2 kilogramme ?

834. Avec 115^{m},50 de toile on a fait trois douzaines et demie de chemises : combien emploie-t-on de toile par chemise ?

835. A 1 fr. 35 c. le kilog. de sucre, combien en aurait-on pour 1 franc ?

Rép. On en aurait 1 : 1,35=0 k.

836. Si Edouard gagnait le gros lot de 150.000 fr., sa fortune serait quintuplée : quelle est la fortune d'Edouard ?

837. Une personne charitable consacre annuellement 50 fr. à faire l'aumône à 6 pauvres de sa commune : combien chaque pauvre reçoit-il par semaine ?

838. A poids égal, la monnaie d'or vaut 15 fois 1/2 plus que celle d'argent : d'après cela, dites quelle est la valeur d'une somme d'argent pesant autant que 310 fr. en or.

839. Un commerçant, dont la fortune actuelle est de 65.680 fr., a quintuplé son avoir en 16 ans : quel était cet avoir lors de son établissement et combien a-t-il épargné par an ?

840. Un propriétaire a fait planter dans son parc 1.200 arbres, savoir : la moitié à 45 fr. le cent ; le tiers à 60 fr. ; le quart à 85 fr., et le reste à 15 fr. la douzaine : combien ce propriétaire a-t-il dépensé ?

841. Une pièce de vin, coûtant 110 fr., a fourni 365 bouteilles : quel est le prix de revient d'une bouteille ?

842. Un marchand tailleur achète deux pièces du même drap; la première, qui a $53^{m},20$, coûte 136 fr. de plus que la seconde, qui a $44^{m},95$: quel est le prix des deux pièces réunies ?

843. Pour le transport d'un ballot, renfermant 27 pièces de toile de chacune $43^{m},46$, on a payé 164 fr. 30 c. : combien cela augmente-t-il le prix d'un mètre de cette toile ?

844. Un sac de farine, pesant 159 kilogrammes, est acheté 55 fr. 65 c.; le transport augmente le prix d'un septième : à combien revient le kilogramme ?

845. Une revendeuse achète 50 fr. quatre caques de harengs; elle compte ceux-ci, et en trouve 55 douzaines : combien gagne-t-elle sur une caque en vendant 10 centimes le hareng ?

846. Un charretier laboure 4 ares 05 c. ou 405 mètres carrés à l'heure : combien lui faut-il de jours, travaillant 11 heures par jour, pour labourer un champ long de 189 mètres et large de 165 mètres?

847. Une famille, qui gagne 4 fr. 35 c. par jour, fait un placement de 462 fr., et il lui reste encore 176 fr. 75 c. au bout de l'année : à combien se sont montées ses dépenses journalières?

848. Combien a travaillé de jours un ouvrier auquel il est dû 1.332 fr. 25 c. pour des journées à 3 fr. 65 c.?

849. Un laboureur, qui a 86 hectol. 1/2 de vieux blé et 177 hect. 5 de nouveau, vend le tout pour 6.190 fr. 80 c. : combien a-t-il perdu en refusant de vendre son vieux blé 26 fr. 07 c. l'hectolitre l'année précédente?

850. Un chef d'atelier a reçu 4.077 fr. pour la paie de 16 ouvriers gagnant 4 fr. 80 c. par jour, et pour celle de 28 autres gagnant 2 fr. 65 c. : combien peut-il payer de journées à chacun de ces ouvriers?

851. Depuis 8 ans et 5 mois qu'il fréquente les cabarets, Philippe dépense en moyenne 0 fr. 65 c. par jour, et perd, par ses désordres, 14 fr. 25 c. par mois : combien ce malheureux a-t-il perdu par sa faute depuis cette époque?

852. Combien doit-on recevoir de mètres

de toile à 1 fr. 97 c. en échange de $21^m,33$ de piqué à 13 fr. 30 c.?

853. Un manouvrier a défoncé un jardin de 4 ares 36 cent. en 43 jours 6 heures : combien gagnait-il par jour, sachant que ce travail lui est payé 19 fr. 80 c. de l'are et que ses journées sont de 10 heures?

854. Monsieur X. a répandu dans un champ de 263 mètres de long sur 122 mètres de large un tas de marne long et large de $3^m,96$ et haut d'un mètre : quelle est la dépense par hectare (10.000 mètres carrés), sachant que cette marne lui coûte 75 centimes d'extraction et 1 fr. 15 c. de charrois par mètre, et qu'il paie 1 fr. 75 c. pour l'épandage de 10 mètres?

855. D'une pièce de mérinos de $57^m,80$, ayant coûté 244 fr. 50 c., on a donné $14^m,45$ en échange de $40^m,70$ d'alpaga : quel est le prix du mètre de cette dernière étoffe?

856. Une coupe de bois, longue de 468 mètres et large de 74^m, a été partagée en 18 lots : quelle est la contenance de chaque lot?

857. Un jeune ouvrier habile peut gagner 5 fr. 70 c. par journée de douze heures; mais, comme il a la funeste passion du jeu, il y perd chaque jour 4 heures, pendant lesquelles il dépense 1 fr. 05 c. : quel préjudice cause-t-il à son avenir en continuant ce train de vie pendant 8 ans et 6 mois?

858. Par suite de ses désordres, ce jeune homme a perdu la place avantageuse qu'il avait, et, au lieu de gagner 5 fr. 70 c. pour 12 heures, on ne le paie qu'à raison de 3 fr. 60 c. : combien perd-il de temps au jeu à partir de ce moment, sachant qu'il ne reçoit au bout d'un mois (27 jours de travail) que 56 fr. 70 c.?

859. Depuis onze ans que Victor a planté de la vigne autour des murs de sa maison, il a eu non-seulement une grande quantité de raisin pour l'alimentation de sa famille, mais encore il en a vendu pour 198 fr. : de combien a-t-il augmenté ses ressources annuelles en se livrant à cet agréable passe-temps, sachant qu'on peut évaluer à 10 centimes par jour, pendant 4 mois, l'économie produite annuellement dans son ménage par l'emploi du raisin comme aliment?

860. Une caisse de savon, pesant, brut, 148 kilogrammes, est achetée 123 fr. 75 c. : à combien revient le kilogramme de savon, sachant que la caisse vide pèse 23 kilog. et sera vendue 1 fr. 25 c.?

861. Un charrette peut contenir 2 stères 45 centist. de bois : combien fera-t-on de voyages pour transporter avec ce véhicule un tas de bois ayant 25m,60 de long, 1m,30 de large et 2m80 de haut? (Le stère égale 1 mètre cube.)

862. Quelle ressource journalière se ferait une femme qui élèverait pendant une année 180 lapins qu'elle pourrait vendre 5 fr. 50 c. la paire?

863. Un laboureur qui retenait à son voisin une bande de terrain de 1m,45 sur une longueur de 264m, a été appelé en justice par ce dernier et condamné à rendre la parcelle anticipée et à payer 6 fr. l'are (100 mètres carrés) pour la jouissance illicite, 80 fr. aux experts, et les frais judiciaires, qui se sont élevés à 205 fr. 65 c. ; de plus, il a perdu 13 journées à 2 fr. 40 c. : combien, avec ces diverses sommes réunies, aurait-il pu acquérir légalement de terrain à 72 fr. 50 c. l'are?

864. Un marchand, pour payer du drap à 16 fr. 05 c. le mètre, a donné un billet de 875 fr., un titre de rentes au porteur de 1.045 fr. et 108 fr. 75 c. en espèces : combien en-t-il acheté de mètres?

865. Un menuisier doit faire 385m,25 de

boiserie pour 1.849 fr. 20 c. ; il en a déjà fait pour 1.168 fr. 80 c. : combien lui reste-t-il de mètres à faire ?

866. Un marchand a acheté 179 chênes, qui lui ont fourni 665 stères 88 centist. de bois, dont un tiers est propre à l'industrie et le reste au chauffage : quelle quantité chaque arbre a-t-il fourni de chaque sorte de bois ?

867. Combien doit payer un particulier qui achète 75 kilogrammes d'orge à 13 fr. les cent kilos, et 48 bottes de paille à 275 fr. le mille ?

868. Un commerçant a revendu 4.080 fr. 24 tonneaux de vin de 236 litres, qu'il avait achetés à raison de 65 fr. l'hectolitre (100 litres) : quel est son bénéfice par litre ?

869. Un ouvrier économe, ayant prêté à son voisin 425 fr. qu'il avait épargnés, a reçu au bout d'un an 46 fr. 25 c. : combien son argent lui a-ti-l rapporté pour 100 francs ?

870. Combien gagne par balai un marchand qui vend 90 francs 75 douzaines achetées 67 fr. 50 c. ?

871. Un magasin paie à une couturière 194 fr. 40 c. pour la confection de 18 douzaines de corsets : combien gagne par jour cette couturière, qui en fait 3 en 2 jours ?

872. On a planté 3.000 arbres sur une route de 10.500 mètres : à quelle distance sont-ils placés l'un de l'autre, sachant qu'il y en a deux rangées?

873. Un jardin, long de 61^{m},35 et large de 28^{m}74, est entouré d'une palissade en planches qui a coûté, toute posée, 674 fr. : à combien revient le mètre de cette palissade ?

874. Une voiture publique parcourt une distance de 205 kilom. 62 m. en 11 heures 45 minutes (11 h. 3/4 ou 11,75) : combien parcourt-elle à l'heure?

875. Un vigneron, qui a une vigne de 18 hectares 36 ares, a gardé 17 pièces de 230 litres, et a vendu le reste de sa récolte, c'est-à-dire 503 hectolitres 50 litres : quel est le rendement à l'hectare?

776. Quelle longueur de chaussée pourra-t-on construire avec 2.515 mètres cubes de cailloux, cette chaussée devant avoir 3^{m},66 de largeur et 26 centim. d'épaisseur?

877. Une voiture chargée de sacs de farine, pesant chacun 112 kilogrammes, accuse sur la bascule 10.100 kilogrammes : combien contient-elle de sacs, le poids de la voiture étant de 2.820 kilogrammes ?

878. Un tisserand, qui a travaillé pour le même maître, depuis le 6 octobre au matin jusqu'au 30 novembre au soir, lui a livré 215m,04 d'étoffe : combien gagnait-il par jour, sachant qu'on le paie à raison de 72 centimes pour 1m,20 ?

TABLE DE MULTIPLICATION.											
2	0	0	3	0	0	4	0	0	5	0	0
2	1	2	3	1	3	4	1	4	5	1	5
2	2	4	3	2	6	4	2	8	5	2	10
2	3	6	3	3	9	4	3	12	5	3	15
2	4	8	3	4	12	4	4	16	5	4	20
2	5	10	3	5	15	4	5	20	5	5	25
2	6	12	3	6	18	4	6	24	5	6	30
2	7	14	3	7	21	4	7	28	5	7	35
2	8	16	3	8	24	4	8	32	5	8	40
2	9	18	3	9	27	4	9	36	5	9	45
6	0	0	7	0	0	8	0	0	9	0	0
6	1	6	7	1	7	8	1	8	9	1	9
6	2	12	7	2	14	8	2	16	9	2	18
6	3	18	7	3	21	8	3	24	9	3	27
6	4	24	7	4	28	8	4	32	9	4	36
6	5	30	7	5	35	8	5	40	9	5	45
6	6	36	7	6	42	8	6	48	9	6	54
6	7	42	7	7	49	8	7	56	9	7	63
6	8	48	7	8	56	8	8	64	9	8	72
6	9	54	7	9	63	8	9	72	9	9	81

SYSTÈME MÉTRIQUE.

57. Le système métrique est l'ensemble des mesures, poids et monnaies ayant le mètre pour base, et dont l'usage, en France, est seul autorisé par la loi.

58. Les unités du système métrique sont : le *mètre*, l'*are*, le *stère*, le *litre*, le *gramme* et le *franc*.

59. Le MÈTRE, base du système et *unité* des *mesures linéaires* ou de *longueur*, est une longueur invariable égale à la quarante millionnième partie du tour de la terre.

60. L'ARE, unité des *mesures agraires* ou des champs, est une surface carrée ayant dix mètres de long et dix mètres de large.

61. Le STÈRE, unité des *mesures pour les bois de chauffage et d'industrie*, est un tas de bois long, large et haut d'un mètre.

62. Le Litre, unité des *mesures de capacité* ou de contenance, est un vaisseau quelconque, contenant exactement autant qu'une boîte longue, large et profonde d'un dixième de mètre.

63. Le Gramme, *unité des poids*, est un objet en métal, pesant exactement autant qu'un millième de litre d'eau pure à la température de la glace fondante.

64. Le Franc, *unité des monnaies*, est une pièce du poids de 5 grammes, contenant 835 millièmes d'argent et 165 millièmes de cuivre.

65. Pour désigner les *dizaines* de chacune de ces unités on emploie le mot *déca*, qui signifie *dix* et que l'on joint au nom de l'unité.

Ainsi, un décamètre est une dizaine de mètres; un décastère est une dizaine de stères; un décalitre, une dizaine de litres; un décagramme, une dizaine de grammes. — On ne dit pas décaare ni décafranc, mais dix ares, dix francs.

On écrit les *décas* comme les dizaines, c'est-à-dire au deuxième rang.

66. Pour désigner des *centaines*

des unités métriques, on se sert du mot *hecto*, qui signifie *cent* et que l'on joint au nom de l'unité.

Ainsi, un hectomètre est une centaine de mètres; un hectare est une centaine d'ares; un hectolitre, une centaine de litres; un hectogramme, une centaine de grammes. — On ne dit pas hectostère ni hectofranc, mais cent stères, cent francs.

On écrit les *hectos* comme les centaines, c'est-à-dire au troisième rang.

67. Pour désigner des *mille* des unités métriques, on se sert du mot *kilo*, qui signifie mille et que l'on joint au nom de l'unité.

Ainsi, un kilomètre est une longueur ou une distance de mille mètres; un kilolitre, une contenance de mille litres; un kilogramme, un poids de mille grammes. — On ne dit pas kiloare, ni kilostère, ni kilofranc, mais mille ares ou plutôt dix hectares, mille stères ou cent décastères, mille francs.

On écrit les *kilos* comme les mille, c'est-à-dire au quatrième rang.

68. Pour désigner des *dizaines de mille*, on se sert du mot *myria*, qui signifie *dix mille* et que l'on joint au nom de l'unité.

Ainsi, un myriamètre est une distance de

dix mille mètres; un myrialitre, une capacité de dix mille litres; un myriagramme, un poids de dix mille grammes. — On ne dit pas myriare, ni myriastère, ni myriafranc, mais cent hectares, dix mille stères ou mille décastères, dix mille francs.

69. Pour désigner des *dixièmes*, on emploie le mot *déci*, qui signifie *dixième partie* et que l'on joint au nom de l'unité.

Ainsi, un décimètre est un dixième de mètre; un décistère, un dixième de stère; un décilitre, un dixième de litre; un décigramme, un dixième de gramme; un décime, un dixième de franc. — On ne dit pas déciare pour dixième d'are.

On écrit les *décis* comme les dixièmes, c'est-à-dire au premier rang des chiffres décimaux.

70. Pour désigner des *centièmes*, on emploie le mot *centi*, qui signifie *centième partie* et que l'on joint au nom de l'unité.

Ainsi, un centimètre est un centième de mètre; un centiare, un centième d'are; un centistère, un centième de stère; un centilitre, un centième de litre; un centigramme, un centième de gramme; un centime, un centième de franc.

On écrit les *centis* comme les centièmes,

c'est-à-dire au deuxième rang des chiffres décimaux. Il faut donc deux chiffres décimaux pour écrire un nombre quelconque de ce sous-multiple.

71. Pour désigner des *millièmes*, on emploie le mot *milli*, qui signifie *millième partie* et que l'on joint au nom de l'unité.

Ainsi, un millimètre est un millième de mètre; un millistère, un millième de stère; un millilitre, un millième de litre; un milligramme, un millième de gramme; un millime, un millième de franc. — On n'emploie pas le mot milliare pour millième d'are.

On écrit les *millis* comme les millièmes, c'est-à-dire qu'il faut trois chiffres décimaux pour écrire un nombre quelconque de ce sous-multiple.

RAPPORT DES MULTIPLES ET DES SOUS-MULTIPLES ENTRE EUX.

72. Le *Déca* vaut dix unités, cent décis, mille centis, dix mille millis; c'est le dixième de l'hecto, le centième du kilo et le millième du myria.

L'*Hecto* vaut dix décas, cent unités, mille décis, dix mille centis, cent mille millis; c'est le dixième du kilo et le centième du myria.

Le *Kilo* vaut dix hectos, cent décas, mille unités, dix mille décis, cent mille centis, un million de millis; c'est le dixième du myria.

Le *Myria* vaut dix kilos, cent hectos, mille décas, dix mille unités, cent mille décis, un million de centis et dix millions de millis.

Le *Déci* est le dixième de l'unité, le centième du déca, le millième de l'hecto, le dix millième du kilo, le cent millième du myria; il vaut dix centis et cent millis.

Le *Centi* est le dixième du déci, le centième de l'unité, le millième du déca, le dix millième de l'hecto, le cent millième du kilo, le millionnième du myria; il vaut dix millis.

Le *Milli* est le dixième du centi, le centième du déci, le millième de l'unité, le dix millième du déca, le cent millième de l'hecto, le millionnième du kilo et le dix millionnième du myria.

73. *Nota.* — Pour désigner un

poids de cent kilogrammes on se sert du mot *quintal*. On appelle *tonne* ou tonneau de mer un poids de dix quintaux ou de mille kilogrammes.

74. Pour la solution d'un grand nombre de problèmes relatifs au système métrique, il est nécessaire de convertir soit les unités en un multiple ou sous-multiple quelconque, soit les multiples et sous-multiples en unités ou en un autre multiple ou sous-multiple plus grand ou plus petit, sans en changer la valeur.

75. Pour cela, on se rend compte si le *nom* de milli, centi, déci, unité, déca, hecto, kilo ou myria que doit porter le nombre à convertir, représente des quantités plus grandes ou plus petites que lui. Si ce nouveau nom représente des quantités dix, cent, mille, dix mille, cent mille, un million ou dix millions de fois plus grandes que la quantité à convertir, on divise celle-ci par 10, 100, 1.000, 10.000, 100.000, 1.000.000 ou

10.000.000, suivant le procédé indiqué aux nos 47 et 48; si, au contraire, il représente des quantités dix, cent, mille, dix mille, cent mille, un million ou dix millions de fois plus petites que la quantité à convertir, on multiplie celle-ci par 10, 100, 1.000, 10.000, 100.000, 1.000.000 ou 10.000.000, suivant le procédé indiqué aux nos 37 et 38. *

NOTIONS RELATIVES AUX MESURES CARRÉES ET AUX MESURES CUBIQUES.

Mesures carrées.

76. On appelle surface l'étendue considérée sous deux dimensions : longueur et largeur.

77. Un carré est une surface renfermée entre quatre lignes droites égales et se rencontrant à angles droits.

78. L'unité des mesures carrées ou de surface est le *Mètre carré*, ou un carré long et large d'un mètre.

* Pour mieux faire comprendre ces conversions aux élèves, on se servira avantageusement du Tableau mnémonique qui se trouve à la même librairie.

79. Le mètre carré n'a qu'un multiple, qui est le *décamètre carré*, ou carré ayant dix mètres de long et dix mètres de large. Sa surface ou superficie est de cent mètres carrés. C'est un are; par conséquent, le mètre carré, qui en est le centième, est le centiare.

80. Ses sous-multiples sont : le décimètre carré, le centimètre carré et le millimètre carré, ou carrés ayant réciproquement un décimètre, un centimètre, un millimètre de chaque côté.

81. Dans les mesures carrées, la valeur des mots déca, déci, centi, milli, ne s'applique pas à la surface, mais aux dimensions des côtés. Pour connaître la surface d'un carré, on multiplie par elle-même la longueur d'un côté. Ainsi, le décamètre carré ayant 10 mètres de dimensions, on obtient sa superficie en multipliant 10 par 10, ce qui donne 100 mètres carrés; le décimètre carré ayant un décimètre de dimensions, le produit 0m,01 de 0m,1 par 0m,1, indique la valeur du décimètre carré; 0m,0001 produit de 0m,01 par 0m,01, indique la valeur du centimètre carré; 0m,000001, produit de 0m,001 par 0m,001, celle du millimètre carré. — Multiplier un nombre par lui-même est ce qu'on appelle faire le carré de ce nombre ou l'élever à sa deuxième puissance.

Il sera bon que le maître trace sur le tableau une figure propre à fixer d'une manière sensible le rapport des mesures carrées entre elles.

82. Les décimètres carrés étant des centièmes de mètre carré, les centimètres carrés des dix millièmes et les millimètres carrés des millionnièmes, il faut deux chiffres décimaux pour le premier sous-multiple, quatre pour le second, six pour le troisième. S'il arrivait que les chiffres décimaux fussent en nombre impair, on ajouterait un zéro à leur droite.

Mesures cubiques.

83. On appelle volume ou solide l'étendue considérée sous trois dimensions : longueur, largeur et hauteur.

84. Un cube est un volume renfermé entre six faces carrées égales se rencontrant à angles droits.

85. L'unité des mesures cubiques, de volume ou de solidité, est le mètre cube ou un cube long, large et haut d'un mètre. Il n'a pas de multiple.

86. Ses sous-multiples sont le décimètre cube, le centimètre cube et le millimètre cube, ou cubes ayant réciproquement un décimètre, un centimètre, un millimètre en longueur, en largeur et en hauteur.

87. Dans les mesures de solidité, la valeur des mots déci, centi, milli, ne s'applique pas au volume, mais à ses dimensions. Pour avoir le volume d'un cube, on multiplie la longueur d'un de ses côtés par elle-même, puis le produit par cette même longueur. Ainsi, le décimètre cube ayant un décimètre de dimensions, le produit $0^{m},001$ de $0^{m},1 \times 0^{m},1 \times 0^{m},1$, indique le valeur du décimètre cube; $0^{m},000.001$, produit de $0^{m},01 \times 0^{m},01 \times 0^{m},01$, indique la valeur du centim. cube; 0m,000.000.001, produit de 0m,001×0m,001×0m,001, indique celle du millimètre cube. — Multiplier un nombre deux fois par lui-même est ce qu'on appelle faire le cube de ce nombre ou l'élever à la troisième puissance.

Il sera bon que le maître se procure un cube et démontre d'une manière sensible le rapport des mesures cubiques entre elles.

88. Le *décimètre cube* étant le millième du mètre cube, il faut trois chiffres décimaux pour écrire un nombre quelconque de ce sous-multiple. Son volume égale la capacité du litre; par conséquent, le mètre cube vaut mille litres.

Le *centimètre cube* étant le millionnième du mètre cube, il faut six chiffres décimaux pour écrire un nombre quelconque de ce sous-multiple. Il vaut mille fois moins que le décimètre cube et que le litre; il égale un millilitre. Un volume d'un centimètre cube, ou une capacité d'un millilitre d'eau distillée à la température de la glace fondante, pèse un gramme; par conséquent, un décimètre cube, ou un litre d'eau, pèse mille grammes ou un kilogramme, et un mètre cube du même liquide pèse mille kilogrammes ou une tonne.

Le *millimètre cube* étant le billionnième du mètre cube, il faut neuf chiffres décimaux pour écrire un nombre quelconque de ce sous-multiple. Il vaut mille fois moins que le centimètre cube et un million de fois moins que le décimètre cube.

89. Les unités métriques s'indiquent par les initiales de leurs noms: *m.* pour mètre, *a.* pour are, *s.* pour stère, *l.* pour litre, *g.* pour gramme, *f.* pour franc, *m.q.* pour mètre carré *m.c.* pour mètre cube.

CALCUL MENTAL SUR LE SYSTÈME MÉTRIQUE.

879. A 1 franc le litre de vin, quel est le prix du décalitre, de l'hectolitre, du kilolitre, du myrialitre ?

880. Si un litre de vin coûte 1 fr., combien en aura-t-on pour 1 décime, pour 1 centime ?

881. Si un mètre de chemin coûte 3 fr. 65 c. à entretenir, combien coûte le décamètre, l'hectomètre, le kilomètre, le myriamètre?

882. A 28 fr. 30 c. l'are, quel est le prix du centiare et de l'hectare ?

883. Le décistère de bois coûtant 7 fr. 60 c., qnel est le prix du décastère, du centistère, du stère ?

884. Un kilogramme de laine coûte 22 fr., quels sont les prix du gramme, de l'hectogramme, du décagramme ?

885. Quelle est la longueur d'une laie qui traverse quatre propriétés de 25 décamètres de large ? *(Quatre réponses.)*

886. Un hectare de terre doit être partagé en quatre lots égaux, quelle sera la superficie de chaque lot ?

887. A 100 fr. le décastère de bois, quelle quantité en aurait-on pour 1 fr., pour 5 fr., pour 10 fr. ?

888. Le décilitre de vinaigre coûtant 5 c., quel est le prix de l'hectolitre, du décalitre et du litre ?

889. Un voyageur parcourt 372 hectomètres en marchant 10 heures par jour ; combien parcourt-il en une heure et en 10 jours de décamètres, d'hectomètres, de kilomètres, de myriamètres ?

890. Si 2 kilogrammes de soie valent 100 fr., combien en aurait-on pour 1 centime, pour 10 francs, pour 1 décime, pour 1 franc?

891. Avec 1 kilogramme de fil de fer on a fait 100 clous : combien pèse 1 clou ? combien faut-il de ces clous pour 1 hectogramme et pour 1 myriagramme?

892. D'un tonneau de vin on a ôté 13 décalitres, puis 1 hectolitre 6 litres, et il en reste encore 16 litres : quelle est la capacité du tonneau ?

893. Une route doit avoir 4 myriamètres; il y en a 150 hectomètres de confectionnés par un bout et 21 kilomètres 8 décamètres par l'autre : combien en reste-t-il à faire?

894. Une terre, contenant 2 hectares 5 ares 20 centiares, est vendue à raison de 20 francs le décamètre carré : quel en est le prix?

895. Une pièce de bois, cubant en grume 1 mètre cube 14 décimètres cubes, ne cube plus que 8 décistères étant équarrie : combien a-t-elle perdu par l'équarrissage ?

896. Vingt pommiers ont fourni chacun 20 décalitres de fruits : combien fera-t-on de voyages pour les conduire au pressoir avec un tombereau qui en tient 1 kilolitre ?

897. On a fait entrer 2 décagrammes d'aloès et 75 décigrammes de rhubarbe dans la confection de 1.000 pilules : dites la quantité de ces deux purgatifs qui entre dans 100, dans 1, dans 10 pilules.

898. Le kilogramme d'argent monnayé valant 200 fr., dites la valeur du gramme, du décagramme et de l'hectogramme.

EXERCICES A FAIRE AU TABLEAU.

899. *Dites en unités la valeur de* 20 décalitres ; 16 kilomètres ; 22 hectogrammes ; 62 décilitres ; 6 myriagrammes ; 3 hectares ; 85 centigrammes ; 1.845 décimètres ; 35 millimètres ; 318 centiares.

Réponse : 20 décalitres valent 200 litres ; 16 kilomètres valent, etc....

900. *Dites en décas la valeur de* 16 mètres ; 85 kilogrammes ; 108 litres ; 200 stères ; 48 centimètres ; 9 kilolitres ; 2 myriamètres ; 6 hectogrammes 5 ; 708 décimètres ; 74 stères 25 ; 11 myrialitres.

901. *Dites en décis la valeur de* 6 décalitres ; 8 kilomètres ; 216 milligrammes ; 25 stères 6 ; 7 hectomètres 18 ; 13 francs 25; 2 décastères 05; 18^{m},56 ; 1.740 centilitres; 4 myriagrammes 108.

902. *Dites en hectos la valeur de* 28 kilogrammes 35 ; 16 myriamètres ; 326 litres ; 3.047 ares ; 628 décalitres ; 327.109 décimètres ; 608.044 centigr. ; 18.647 centiares.

903. *Dites en centis la valeur de* 6 hectares; 25 décalitres; 18 francs; 7 kilogr. ; 1.806 millilitres; 3 mètres 75 ; 6 ares 30; 22 mètres; 438 millimes ; 375 décigrammes ; 24 décistères 5.

904. *Dites en kilos la valeur de* 14 myriamètres 25 ; 1.700 litres; 5 hectogrammes; 6.207 décalitres; 24.106 décimètres; 128 hectolitres ; 625 mètres ; 38 hectogr. ; 208.107 centilitres.

905. *Dites en millis la valeur de* 4 décamètres; 6 décistères ; 11 centimes ; 32 gr. ; 25 litres 45 ; 100 francs ; 2 hectolitres 108 ; 6 mètres 3; 405.019 centistères ; 4 kilogr.

906. *Dites en myrias la valeur de* 214 hectomètres ; 24.107 décalitres; 27 kilog. 36; 608.149 décimètres; 48.600 litres; 8.466.130 centigrammes.

907. *Dites en unités, puis en hectos, la valeur de* 164 quintaux ; 18 tonnes; 45 quintaux 108; 41 tonnes 5; 16 quintaux 25; 12 tonnes 464.

908. *Dites la valeur du dernier chiffre dans les nombres suivants :* 6 myriamètres 28; 14 hectares 31; 7 kilolitres 6.135; 3 décastères 32; 4 francs 3; 6 décistères 48; 5 kilogrammes 43; 5 mètres 025.

909. *Dites la valeur de chaque chiffre dans les nombres suivants :* 28 kilog. 628; 17 mètres 745; 492 myriagrammes 83; 616 hectolitres 2.406; 6 stères 364; 2 francs 16; 23 hectares 5.627.

910. *Dites en décimètres carrés la valeur de* 8m.q.4720; 4 décamètres carrés 45; 8.402 centimètres carrés; 45.738 millim. carrés.

911. *Rapportez à l'unité les quantités suivantes :* 156 décimètres carrés; 308 décimètres carrés; 654 centimètres carrés 5; 4 décamètres carrés; 603.145 millimètres carrés; 8 décimètres carrés 76.

912. *Dites en décimètres cubes la valeur de* 4 mètres cubes 35; 1 m.c. 6; 16.408 centimètres cubes; 36.463.265 millimètres cubes; 0 m.c.,640; 10 mètres cubes 74; 0,4 de mètre cube; 0,39 de mètre cube.

913. *Rapportez à l'unité les quantités suivantes :* 63.438.207 millimètres cubes;

36 centimètres cubes 24; 65 décim. cubes; 365.045 centim. cubes; 49.600 décimètres cubes.

914. *Ecrivez les uns sous les autres, comme s'ils devaient être additionnés, les nombres suivants :* 5 décalitres 2 décilitres 1 millilitre; 7 hectomètres 9 décamètres 7 centimètres; 8 décagrammes 76 milligr.; 7 hectares 198 centiares; 14 kilomètres 7 m. 8 centim.; 20 décistères 4; 75 centimes; 46 kilogrammes 11 milligrammes; 7 hectares 8 centiares; 32 stères 25 millistères; 8 myriamètres 14 décamètres.

915. *A quelle capacité correspondent les volumes suivants:* 4 mètres cubes 5; 604 décimètres cubes; 14.695 centimètres cubes; 0,45 de mètre cube; 2.030 centimètres cubes; 0,642 de décimètre cube; 3 m.c.,44; 100 décimètres cubes 540 ?

916. *A quel volume correspondent les quantités suivantes :* 2.407 litres; 63.137 décilitres; 492.108 millilitres; 6.474.016 centilitres; 7 hectolitres 9 litres; 412 décalitres; 31 kilolitres 34 ?

917. *A quel volume et à quelle capacité d'eau pure correspondent les poids suivants :* 678 kilogrammes; 33.615.018 décagrammes ; 532.076 décigrammes ; 611 myriagrammes ; 12 quintaux ; 128 hectogrammes ; 871.214.138 centigrammes ; 37.117.149 gr. ?

918. *Quel est le poids de* 3.117 décimètres cubes ; 137 hectolitres ; 18.192.047 millimètres cubes ; 5.742 décalitres 25 ; 615 hectolitres 035 ; 17.471 centimètres cubes ; 123 l. 45 d'eau pure ?

Nota. — Ces exercices pourront être multipliés à l'infini et répétés tant que le maître jugera qu'ils ne sont pas suffisamment compris.

PROBLÈMES SUR LE SYSTÈME MÉTRIQUE

ET DE RÉCAPITULATION GÉNÉRALE.

919. Quelle est la longueur d'une laie qui traverse 8 propriétés, dont les largeurs sont : 1° 96 mètres ; 2° 13 décamètres ; 3° 641 décimètres ; 4° 2 hectomètres 18 ; 5° 8 décam. 07 ; 6° 148 mètres 45 ; 7° 1 hectom. 685 ; 8° 0,25 de kilomètre ?

920. Un propriétaire a 107 arbres qui lui ont produit 207 hectolitres de fruits valant 30 centimes le décalitre : quel est le produit moyen de chaque arbre en fruits et en argent ?

921. Pour faire un pain de 2 kilogr., on prend 26 hectogrammes de pâte : combien la cuisson fait-elle perdre de décagrammes ?

922. Combien paiera-t-on pour 945 litres de blé à 17 fr. 50 c. l'hectolitre, et pour 12 hectolitres de pommes de terre à 40 centimes le décalitre ?

923. Un terrain défriché a produit 19 quintaux de vesce ; l'année suivante, le même terrain n'en a donné que 133 myriagrammes : quelle perte a-t-on éprouvée pour avoir semé deux années de suite cette graine dans le même champ ?

924. Combien doit-on payer 84 décalitres de vin à 38 centimes le litre ?

925. Un terrain de 3.676 mètres carrés a été vendu 940 fr., et les frais d'acquisition se sont élevés à 105 fr. 85 c. : à combien revient l'are de ce terrain ?

926. Combien doit recevoir un cultivateur pour la vente de 65 sacs de blé pesant chacun 746 hectogrammes, à 27 fr. 80 c. le quintal ?

927. Combien manque-t-il à une tringle ayant 3^m,729 pour avoir 38 décimètres ?

928. Un jardin a 842 mètres carrés de surface : combien lui manque-t-il pour faire, avec un verger de 13 ares, un enclos d'un quart ou 0,25 d'hectare ?

929. Quel serait le prix de 34 ares 5 de pré, si on le vendait à raison de 2 fr. 175 m. le mètre carré ?

930. A 1 fr. 05 c. le mètre, combien paiera-t-on pour 37 décimètres 5 de calicot ?

931. Combien vaut un tas de bois, long de 2m,60, large de 85 centimètres et haut de 13 décim., le décistère valant 95 centimes ?

932. Un lot de 794 planches, longues de 2m,40 et larges de 22 centimètres, a été vendu 419 fr. 25 c. : à combien revient le mètre carré ?

933. Combien doit-on à une lingère qui a fourni 68 centimètres de rubans à 95 centimes le mètre, plus 97 centimètres de dentelle à 72 centimes le décimètre ?

934. Quel est le prix de 58 bouteilles de liqueur contenant chacune 0,75 c. de litre, cette liqueur valant 43 fr. 50 c. le décalitre ?

935. Une mère de famille a acheté pour 5 fr. 40 c. de calicot à 1 fr. 25 c. le mètre ; pour 6 fr. 95 c. d'indienne à 8 fr. 25 c. les 10 mètres, et pour 41 fr. 40 c. de velours à 1 fr. 20 c. le décimètre : combien a-t-elle acheté de mètres de marchandises ?

936. Un bloc de pierre ayant 1m,38 de long, 1m,07 de large et 1m de haut, a été payé 9 fr. 70 c. : combien le vend-on le mètre cube ?

937. Un marchand de vin a dans sa cave 7 hectolitres de vin en fût, 24 décalitres en bouteilles, 3 hectolitres 75 d'eau-de-vie, 0,9 d'hectolitre de liqueurs et 27 décalitres 50 de bière : combien ce marchand a-t-il de litres de liquide ?

938. Un potier avait une provision de 39 décastères de bois ; il en a consommé 277 stères 75 centist. et en a cédé 845 décistères : combien lui en reste-t-il ?

939. Combien revient-il à une personne qui donne une pièce de 5 francs en paiement de 17 hectogrammes de viande à 1 fr. 40 c. le kilogramme et de 75 décagrammes à 2 fr. 40 c. le kilogramme ?

940. Un commerçant a acheté 3.436 litres de vin pour 1.288 fr. 50 c., et il le revend 48 fr. 40 le décalitre : quel est son bénéfice, sachant qu'il a perdu 1.766 décilitres ?

941. Huit personnes ont fait un écot de 7 fr. : combien revient-il à chacune d'elles, si chacune donne 1 franc ?

942. Quel est le prix du mètre de drap dont 23 décimètres ont coûté 41 francs ?

943. Combien aurait-on de café pour 5 fr., quand l'hectogramme se vend 40 centimes ?

944. Un voyageur fait 100 pas à la minute, et ses pas ont 72 centimètres en moyenne : combien mettra-t-il de jours (de 12 heures) pour se rendre à une distance de 130 myriamètres ?

945. Un laboureur prend 38 centimes du décamètre carré pour labourer une pièce de terre de 1 hectare 8412 : combien lui appartient-il ?

946. Un tas de grains cube 3 mètres cubes 750 : combien faut-il de sacs de 15 décalitres pour le renfermer ?

947. Les roues d'une voiture ont 65 décimètres de circonférence et font 13 tours à la minute : combien de temps mettra ce véhicule pour parcourir une distance de 45 kilomètres 63 centimètres ?

948. Combien paiera-t-on pour 95 centimètres de mousseline à 80 c. le mètre ?

949. Lorsque le blé vaut 23 c. le litre, que paiera-t-on pour 5 sacs d'un hectolitre et demi ?

950. Le sucre valant 137 fr. 25 c. le quintal, que paiera-t-on pour 12 pains, dont 6 pèsent chacun 116 hectogrammes et les autres pèsent ensemble 7.296 décagrammes ?

951. Un voiturier reçoit 7 centimes 1/2 pour le transport d'une tonne de marchandise à un 1/2 kilomètre : combien gagne-t-il par jour s'il transporte 20 quintaux à 24 myriamètres en 5 jours ?

952. Alexis a acheté 13 peupliers qui lui ont fourni chacun 1 stère 1/2 de bois d'industrie, qu'il revend ensuite 2 fr. 80 c. le décistère : combien a-t-il gagné, sachant qu'il a payé 384 fr. d'achat et 38 fr. 40 c. de frais de vente (les débris comptent pour les frais d'exploitation) ?

953. Une vigne de 16 ares, valant 3 fr. 19 c. le mètre carré, a été échangée contre une terre valant 2.000 fr. l'hectare : quelle est l'étendue de cette dernière ?

954. Combien faut-il de carreaux ayant 179 centimètres carrés de surface pour carreler une pièce ayant 9 mètres de long sur 6m,75 de large ?

955. Quelle est la profondeur d'une citerne contenant 692 décalitres, sa longueur et sa largeur étant de 2 mètres ?

956. Quel est le volume d'une boule qui,

plongée dans un vase plein d'eau, en a fait sortir 9 l. 64 centi. ?

957. Quel est le volume d'une grille de fer pesant 36.414 hectogrammes, sachant que la densité du fer (c'est-à-dire le poids du décimètre cube) est 7 kilog. 65 gr. ?

958. Une vigne ayant 260 mètres de long sur 97m,8 de large a produit 1 litre 92 cent. par mètre carré : quel est le rendement à l'hectare ?

959. Quelle est la capacité d'un tonneau qui, plein de vin, pèse 28 myriagrammes 5, sachant que le tonneau vide pèse 7.524 décagrammes et que le litre de vin pèse 20 gr. de moins qu'un litre d'eau ?

960. Combien coûteront 528 kilogr. de houille à 47 fr. la tonne ?

961. Quelle est la largeur d'un terrain rectangulaire ayant 2 hectares 366 centiares de superficie et 260 mètres de longueur ?

962. Quel doit être le poids d'une pierre cubant 2 mètres cubes 1/2, sachant que la densité de cette pierre est 2 kil. 347 gr. ?

963. Combien paiera-t-on pour 0,04 de kilogramme de thé, l'hectogramme valant 16 francs ?

964. Combien valent 5 hectogrammes de

beurre, lorsque le demi-kilogramme se vend 1 fr. 65 c. ?

965. A 1 fr. 20 c. le litre d'eau-de-vie, que valent 7 bouteilles d'un demi-litre?

966. Combien aura-t-on de litres de haricots pour 5 fr., si l'hectolitre et demi vaut 48 fr. 75 c. ?

967. Combien vend-on le litre de vin, quand la bouteille de trois-quarts de litre est vendue 45 centimes?

968. Que coûtera un demi - hectolitre d'eau-de-vie, lorsque 7 décilitres coûtent 1 fr. 05 c. ?

969 Quel est le prix de 75 décagrammes de sucre à 140 fr. le quintal ?

970. L'établissement de 3 hectomètres de route a coûté 1.935 fr. : combien coûterait un demi-décamètre dans les mêmes conditions ?

971. Combien est-il dû pour la peinture, à 3 fr. 35 c. le mètre carré, de 4 panneaux dont les surfaces sont : 1° 3 m.q.,5 ; 2° 0,968 de mètre carré ; 3° 193 décimètres carrés ; 4° un demi-mètre carré ?

972. Plusieurs personnes ont acheté en commun une pile de bois ayant $17^m,80$ de long, $2^m,40$ de large et $3^m,60$ de haut : combien étaient-elles, sachant qu'elles ont eu chacune 21 décistères 36 millist. ?

973. Pour la somme de 846 fr. 60 c., un marchand a eu : 1° 12 hectolitres; 2° 85 décalitres; 3° 0,75 de kilolitre; 4° 7.275 décilitres : à combien lui revient le litre ?

974. Un bassin mesure 896 décimètres cubes : combien sera-t-il de temps à se vider par un robinet qui laisse échapper 8 décilitres à la minute ?

975. Une caisse pleine de chicorée pèse 46 kilogrammes et coûte 40 fr. ; vide, elle vaut 1 fr. 90 c. et pèse 27 hectogrammes : quel est le prix du demi-kilogramme de chicorée ?

976. Deux pièces de drap de même qualité mesurent ensemble 103 mètres; la première, qui compte 36 décimètres de plus que la seconde, coûte 52 fr. 12 c. de plus que celle-ci : quel est le prix de chaque pièce et de leur totalité ?

977. Que valent ensemble 10 pièces de toile, mesurant chacune $48^{m},65$, à 16 fr. 75 c. le décamètre ?

978. Une poutre a $7^{m},62$ de long sur 21 centimètres de large et 25 centimètres d'épaisseur : quelle est sa valeur à 12 fr. 40 c. le décistère?

979. Un marchand achète 37 barils de vin contenant chacun 2 hectolitres 4 litres pour 3.609 fr. : combien doit-il vendre le litre pour gagner 542 fr. 40 c.

980. Un bateau transporte 18.274 myriagrammes de houille à 3 fr. 80 c. la tonne : quelle est la valeur du chargement?

981. Un porc, pesant 16 myriagrammes, est vendu 220 fr. 80 c. : quel est le prix du demi-kilogramme ?

982. Un ouvrier qui bine 3.165 mètres carrés par jour, a travaillé du 26 mai au 4 juin inclusivement dans un champ de 4 hectares : combien, un ouvrier qui binerait 23 ares 3 centiares par jour, sera-t-il de temps pour finir la pièce?

983. Que doit-on rendre à une personne qui donne une pièce de 10 francs pour l'achat de 5 poulets à 25 décimes la paire?

984. Combien faut-il de pièces de 5 centimes pour payer $8^{m},50$ de bord à 1 décime le mètre?

985. Une propriété, valant 130 fr. l'are, a été vendue 5.245 fr. : la pièce étant régulière, dites quelle doit être sa longueur, sa largeur étant de $42^m,60$?

986. A quelle hauteur montera un tas de bois de 224 décistères 77, sa longueur étant de $6^m,50$ et les bûches ayant $1^m,30$?

987. Quelle est la recette d'une fermière qui a vendu 28 kilogrammes de beurre à 25 centimes l'hectogramme?

988. A 3 fr. 60 c. le décalitre de vin, quelle est la capacité d'un tonneau qui coûte 81 francs?

989. Combien coûte, à 1 fr. 38 c. le kilogramme, un pain de sucre pesant 984 décagrammes?

990. Un bûcheron fait 38 centistères de copeaux par jour, à 7 fr. 25 c. le stère : combien devra-t-il travailler de jours pour en avoir pour 450 francs?

991. M. Lebon, menuisier, a fourni à M. Dubut les articles suivants : 1° 5 croisées de $1^m,10$ de large sur $1^m,80$ de haut, à 16 fr. 80 c. le mètre superficiel ; 2° 2 portes de 88 centimètres de large sur $1^m,95$ de haut, à 12 fr. 30 c. le mètre carré ; 3° un poteau de $3^m,30$ de hauteur sur $0^m,40$ de largeur et $0^m,28$ d'épaisseur, à 6 fr. 80 c. le décistère ;

4° 63m,20 de plinthes, à 0 fr. 25 c. le mètre linéaire : faites le mémoire.

992. Faites la facture des articles suivants, vendus par M. Mars à M. Février : 13 décilitres de vinaigre à 62 fr. l'hectolitre ; 8 paquets de bougie, de 25 hectogr. chacun, à 2 fr. 75 c. le kilogramme ; 1 tonne d'huile pesant, brute, 7684 décagrammes, tare 85 hectogrammes, à 1 fr. 78 c. le kilogramme, le tonneau 1 fr. 75 c. ?

993. Combien est-il dû à chaque ouvrier, sachant que 26 ont fait une fouille ayant 2 hectomètres de long, 13 décamètres de large et 64 décimètres de profondeur, et qu'on les paie à raison de 38 centimes le mètre cube, y compris chargement ?

994. Combien faut-il d'hectolitres de pommes de terre pour planter un champ long de 274 mètres et large de 136 mètres, sachant qu'avec un litre on en plante 9 touffes, et qu'une touffe occupe un espace de 348 décimètres carrés ?

995. On a payé 1.700 fr. un lot de 17 arbres : à combien revient le stère, si chaque arbre mesure 4m,29 de longueur sur 0 m.q. 36 pour la surface moyenne de chaque bout ?

996. Combien placerait-on de gerbes dans une grange ayant $8^m,44$ de long, $5^m,30$ de large et $3^m,76$ de hauteur non compris le comble qui peut en tenir 240 douzaines, sachant qu'une gerbe occupe en moyenne 250 décimètres cubes ?

997. On offre 177 fr. 50 c. d'un porc pesant, vivant, 142 kilogrammes; le propriétaire préfère le vendre 1 fr. 625 m. le kilogramme tout vidé : combien a-t-il gagné ou perdu, sachant que l'animal a subi un déchet de 445 hectogrammes ?

998. Etablissez la note d'un épicier qui fournit 55 décagrammes de sucreà 138 fr. les 100 kilos; 7 décilitres 1/2 d'huile à 17 fr. 60 c. le décalitre; 1 litre 1/2 d'eau-de-vie à 1 fr. 15 c. le litre; 75 centilitres de vinaigre à 1 fr. 05 c. le litre; 7 bouteilles de vin de trois quarts de litre, à 35 fr. l'hectolitre, et enfin 15 brasses de corde, de chacune 12 décimètres, à 17 c. 1/2 le demi-décamètre.

999. Un commerçant gagnait journellement 31 fr. 85 c., et ses frais généraux se montaient à 255 fr. par semaine : combien aurait-il été d'années pour dissiper tout son avoir, qui est de 13.332 fr. 80 c., s'il n'eût modéré ses frais ?

1000. Au bout de quatre ans, ce commerçant, ouvrant les yeux sur sa position, réduit ses frais à 200 fr. par semaine : combien sera-t-il d'années, 1° pour combler son déficit; 2° pour quintupler son avoir ?

TABLEAU
servant à indiquer les poids et diamètres des pièces de monnaie.

VALEUR DES PIÈCES.		POIDS.	DIAMÈTRES.
OR.	100 fr.	32 gr 258	35 millim.
	50	16 129	28
	20	6 452	21
	10	3 226	19
	5	1 613	19
ARGENT.	5 fr. »» c.	25 gr	37 millim.
	2 »»	10	27
	1 »»	5	23
	0 50	2 5	18
	0 20	1	15
BRONZE.	0 fr. 10 c.	10 gr	30 millim.
	0 05	5	25
	0 02	2	20
	0 01	1	15

On peut voir d'après le tableau précédent que les pièces de bronze pèsent autant de grammes qu'elles valent de centimes; on pourrait donc s'en servir à défaut de poids.

TABLEAU
des concordances des mesures de *volume*, de *capacité* et de *poids*.

VOLUMES.	CAPACITÉS.	POIDS EN EAU PURE
10 mèt. cub.	Myrialitre.	10,000 kilog.
1 mèt. cub.	Kilolitre.	Tonne ou 1000 k.
0,1 de m. c.	Hectolitre.	Quintal ou 100 k.
10 décimè. c.	Décalitre.	Myriagramme.
1 déc. cub.	Litre.	Kilogramme.
0,1 de déc. c.	Décilitre.	Hectogramme.
10 cent. cub.	Centilitre.	Décagramme.
1 cent. cub.	Millilitre.	Gramme.

QUESTIONNAIRE[1].

NUMÉRATION.

1. *Qu'est-ce qu'un nombre ?*

2. *Qu'est-ce que l'unité ?*

3. *Qu'est-ce qu'un nombre entier ?*

4. *Qu'est-ce qu'une fraction ?*

5. *Qu'est-ce qu'un nombre fractionnaire ?*

6. *De quels signes se sert-on pour écrire les nombres ?*

7. *Qu'est-ce que les dizaines, les centaines, les mille, les millions, les billions, les trillions ?*

Donnez un nombre de 2, de 3, de 4, de 5, de 6, de 7, de 8, de 9, de 10 chiffres, et nommez les ordres qu'il renferme.

(1) Demander, quand il y a lieu, beaucoup d'exemples à l'appui de chaque réponse.

8. *Comment lit-on un nombre écrit en chiffres?*

Que représente le premier chiffre de la 1re, de la 2e, de la 3e, de la 4e, de la 5e tranche ?

De quel côté commence-t-on la lecture d'un nombre ?

Combien faut-il de chiffres pour composer une tranche ?

Toutes les tranches ont-elles le même nombre de chiffres ?

Que représente le 1er, le 2e, le 3e chiffre de chaque tranche ? (*Voy.* no 7.)

9. *Comment écrit-on un nombre dicté?*

Peut-on savoir, avant de poser un nombre, combien il aura de chiffres ?

(Citer beaucoup de nombres et demander combien il faut de chiffres pour les écrire.)

Que doit-on faire lorsque, dans un nombre, il manque des ordres ou des tranches ?

10. *Qu'est-ce que les chiffres décimaux?*

Que représente le 1er, le 2e, le 3e, le 4e chiffre décimal ?

Qu'est-ce que les dixièmes, les centièmes, les millièmes, etc., et combien en faut-il pour reconstituer l'unité ?

Citez un nombre ayant 1, 2, 3, 4, 5, 6 7 chiffres décimaux.

Donnez un nombre renfermant des dizainse et des dixièmes; des unités et des centièmes ; des centaines et des dixièmes; des mille et des millièmes; des centaines de mille et des centièmes, etc., etc., etc.

11. *Qu'est-ce qu'un nombre décimal?*

Comment sépare-t-on les chiffres décimaux des unités ?

Qu'appelle-t-on partie entière et partie décimale d'un nombre décimal ?

12. *Qu'est-ce quc calculer?*

ADDITION.

13. *Comment se nomme ce signe* + (le faire au tableau) *et qu'indique-t-il?*

14. *Comment dispose-t-on les nombres qu'on doit additionner?*

De quel côté commence-t-on l'opération?

15. *Comment se nomme le résultat de l'addition ?*

16. *Comment s'assure-t-on si une opération est bien faite?*

17. *Comment fait-on la preuve de l'addition ?*

18. *Quand doit-on fairé une addition?*

19. *Qu'est-ce que l'addition ?*

Quelle qualité doivent avoir les nombres pour qu'on puisse les additionner?

20. *Par quel signe indique-t-on le résultat d'une opération?*

SOUSTRACTION.

21. *Comment se nomme ce signe — et qu'indique-t-il?*

22. *Comment dispose-t-on les nombres pour faire une soustraction?*

23. *Comment se nomme le résultat de la soustraction?*

24. *Que fait-on quand le nombre supérieur a moins de chiffres décimaux que le nombre inférieur?*

25. *Que fait-on quand un chiffre du nombre supérieur est moins fort que son correspondant?*

Quels changements subirait le résultat d'une soustraction, 1° en augmentant le plus grand nombre; 2° en le diminuant; 3° en augmentant le plus petit; 4° en diminuant le plus petit; 5° en augmentant les deux nombres d'autant; 6° en les diminuant d'autant?

26. *Comment fait-on la preuve de la soustraction?*

27. *Quand doit-on faire une soustraction ?*

28. *Qu'est-ce que la soustraction ?*

MULTIPLICATION.

29. *Comment se nomme ce signe* × *et qu'indique-t-il ?*

30. *Qu'est-ce que le multiplicande ?*

31. *Qu'est-ce que le multiplicateur ?*

Où place-t-on le multiplicande et le multiplicateur dans l'indication d'une multiplication ?

Qu'est-ce que doubler, tripler, quadrupler, quintupler, sextupler... décupler un nombre ?

32. *Comment nomme-t-on le résultat de la multiplication ?*

De quelle nature sont les unités du produit ?

Qu'est-ce qu'un produit partiel ?

Combien y a-t-il de produits partiels dans toute multiplication ?

Qu'est-ce que le produit total ?

33. *Qu'est-ce que le multiplicande et le multiplicateur à l'égard du produit ?*

Quelle altération subit le produit, 1° lorsqu'on multiplie ou qu'on divise l'un de ses facteurs ; 2° lorsqu'on multiplie ou qu'on divise les deux facteurs par un même nombre?

Le produit est-il toujours plus grand que le multiplicande?

Qu'appelle-t-on multiple d'un nombre?

Qu'est-ce qu'élever un nombre au carré?

34. *Comment dispose-t-on les nombres pour faire une multiplication?*

Que fait-on lorsque le multiplicateur contient des zéros?

35. *Comment fait-on la preuve de la multiplication?*

36. *Comment se fait la multiplication des nombres décimaux?*

Que fait-on quand le produit a moins de chiffres qu'on doit en séparer?

37. *Comment multiplie-t-on un nombre entier par 10, 100, 1.000, 10.000, etc.?*

38. *Comment multiplie-t-on un nombre décimal par 10, 100, 1.000, 10.000, etc.?*

Qu'est-ce qu'un multiple décimal? *(V. 33.)*

39. *Quand doit-on faire une multiplication?*

40. *Qu'est-ce que la multiplication?*

DIVISION.

41. *Comment se nomme ce signe : et qu'indique-t-il?*

42. *Qu'est-ce que le dividende?*

Qu'est-ce qu'un dividende partiel ?

43. *Qu'est-ce que le diviseur?*

Où place-t-on le dividende et le diviseur dans l'indication d'une division?

Qu'est-ce que prendre la moitié, le tiers, le quart, le cinquième, etc., d'un nombre?

44. *Comment nomme-t-on le résultat de la division?*

De quelle nature sont les unités du quotient ?

45. *Peut-on savoir, avant d'opérer, le nombre de chiffres que doit avoir le quotient? — Dites comment.*

46. *De quoi dépend la grandeur du quotient?*

Que devient le quotient, 1° lorsqu'on multiplie le dividende; 2° lorsqu'on divise le dividende ; 3° lorsqu'on multiplie le diviseur; 4° lorsqu'on divise le diviseur; 5° lorsqu'on multiplie le dividende et le diviseur par un même nombre; 6° lorsqu'on les divise tous deux par un même nombre?

Expliquez comment cela se fait?

Le quotient est-il toujours plus petit que le dividende ?

47. *Comment divise-t-on un nombre entier par 10, 100, 1.000, 10.000, etc.?*

48. *Comment divise-t-on un nombre décimal par 10, 100, 1.000, 10.000, etc.?*

49. *Ne peut-on pas abréger l'opération, quand le dividende et le diviseur sont terminés par des zéros?*

50. *Ne peut-on pas aussi abréger lorsque le diviseur est seul terminé par des zéros?*

Dites comment il se fait que le quotient reste le même après ces abréviations.

51. *Comment dispose-t-on les nombres pour faire une division dans les cas ordinaires?*

Comment s'aperçoit-on qu'un chiffre du quotient est trop fort?

Comment s'aperçoit-on qu'il est trop faible?

52. *Comment fait-on la preuve de la division?*

53. *Comment se fait la division des nombres décimaux, 1° quand le dividende seul est décimal; 2° quand le diviseur seul est décimal; 3° quand le dividende et le diviseur ont des chiffres décimaux en nombre égal; 4° quand le dividende a* *moins de chiffres décimaux que le diviseur; 5° quand le dividende a plus de chiffres décimaux que le diviseur?*

54. *Comment fait-on pour avoir un nombre déterminé de chiffres décimaux au quotient?*

Qu'arrive-t-il lorsque le dividende est plus petit que le diviseur?

Effectuez les divisions suivantes et retenez-en les quotients 1 : 2 ou $\frac{1}{2}$, 1 : 3 ou $\frac{1}{3}$, $\frac{2}{3}$, $\frac{1}{4}$, $\frac{3}{4}$, $\frac{1}{5}$, $\frac{2}{5}$, $\frac{3}{5}$, $\frac{4}{5}$, $\frac{1}{6}$, $\frac{5}{6}$, $\frac{1}{8}$, $\frac{3}{8}$, $\frac{5}{8}$, $\frac{7}{8}$.

55. *Quand doit-on faire une division?*

56. *Qu'est-ce que la division?*

SYSTÈME MÉTRIQUE.

57. *Qu'est-ce que le système métrique?*

58. *Quelles sont les unités du système métrique?*

59. *Qu'est-ce que le Mètre?*

Qu'entendez-vous en disant que le mètre est la base du système métrique?

60. *Qu'est-ce que l'Are?*

61. *Qu'est-ce que le Stère?*

62. *Qu'est-ce que le Litre?*

63. *Qu'est-ce que le Gramme?*

64. *Qu'est-ce que le Franc?*

8.

65. *De quel nom se sert-on pour désigner des dizaines des unités métriques?*

Que signifie le mot *déca?*

Qu'est-ce que le déca ?

Qu'est-ce qu'un décamètre, un décastère, un décalitre, un décagramme ?

Comment écrit-on les décas ?

Qu'est-ce que l'unité rélativement au déca?

66. *De quel mot se sert-on pour désigner des centaines des unités métriques?*

Que signifie le mot *hecto?*

Qu'est-ce que l'hecto ?

Qu'est-ce qu'un hectomètre, un hectare, un hectolitre, un hectogramme ?

Comment écrit-on les hectos ?

Qu'est-ce que l'unité et le déca relativement à l'hecto ?

67. *De quel mot se sert-on pour désigner des mille des unités métriques?*

Que signifie le mot *kilo ?*

Qu'est-ce que le kilo ?

Qu'est-ce qu'un kilomètre, un kilolitre, un kilogramme?

Comment écrit-on les kilos ?

Qu'est-ce que l'unité, le déca et l'hecto relativement au kilo ?

68. *De quel mot se sert-on pour dési-*

gner des dizaines de mille des unités métriques?

Que signifie le mot *myria?*

Qu'est-ce que le myria?

Qu'est-ce qu'un myriamètre, un myriagramme ?

Comment écrit-on les myrias ?

Qu'est-ce que l'unité, le déca, l'hecto et le kilo relativement au myria ?

69. *De quel mot se sert-on pour désigner des dixièmes des unités métriques?*

Que signifie le mot *déci?*

Qu'est-ce que le déci ?

Qu'est-ce qu'un décimètre, un décistère, un décilitre, un décigramme, un décime ?

Comment écrit-on les décis ?

Qu'est-ce que l'unité, le déca, l'hecto, le kilo et le myria relativement au déci ?

70. *De quel mot se sert-on pour désigner des centièmes des unités métriques?*

Que signifie le mot *centi?*

Qu'est-ce que le centi ?

Qu'est-ce qu'un centimètre, un centiare, un centistère, un centilitre, un centigramme, un centime ?

Comment écrit-on les centis ?

Qu'est-ce que le déci, l'unité, le déca,

l'hecto, le kilo et le myria relativement au centi ?

71. *De quel mot se sert-on pour désigner des millièmes des unités métriques ?*

Que signifie le mot *milli ?*

Qu'est-ce que le milli ?

Qu'est-ce qu'un millimètre, un millistère, un millilitre, un milligramme, un millime?

Comment écrit-on les millis ?

Qu'est-ce que le centi, le déci, l'unité, le déca, l'hecto, le kilo, le myria relativement au milli ?

72. *Dites la valeur comparée à l'unité et à tous les multiples et sous-multiples : 1° du déca; 2° de l'hecto; 3° du kilo; 4° du myria; 5° du déci; 6° du centi; 7° du milli.*

73. *Qu'est-ce que le quintal et la tonne?*

74. *Qu'est-il nécessaire de faire dans beaucoup de problèmes sur le système métrique?*

75. *Comment fait-on pour convertir des quantités relatives au système métrique en des quantités de noms différents sans en altérer la valeur?*

MESURES CARRÉES.

76. *Qu'est-ce qu'une surface?*

77. *Qu'est-ce qu'un carré?*

78. *Quelle est l'unité des mesures carrées ?*

79. *Qu'est-ce que le décamètre carré ?*

Quelle est la superficie du décamètre carré ?

Expliquez comment il se fait que le décamètre carré vaut cent mètres carrés.

A quelle unité correspond le décamètre carré ?

Qu'est-ce que le mètre carré par rapport à l'are ?

80. *Quels sont les sous-multiples du mètre carré ?*

Quelles sont les dimensions : 1° du décimètre carré ; 2° du centimètre carré ; 3° du millimètre carré ?

81. *A quoi s'applique, dans les mesures de surface, la valeur des mots* déca, déci, centi, milli ?

Comment obtient-on la surface d'un carré ?

Quelle est la surface ou superficie du décimètre carré, du centimètre carré, du millimètre carré relativement au mètre carré ?

Qu'est-ce que faire le carré d'un nombre ou élever un nombre au carré ?

82. *Combien faut-il de chiffres décimaux pour écrire un nombre, 1° de déci-*

mètres carrés; 2° de centimètres carrés; 3° de millimètres carrés, et pourquoi?

Que ferait-on si les chiffres décimaux étaient en nombre impair?

MESURES CUBIQUES.

83. *Qu'appelle-t-on volume ou solide?*

84. *Qu'est-ce qu'un cube?*

85. *Quelle est l'unité des mesures cubiques?*

86. *Quels sont les sous-multiples du mètre cube?*

Quelles sont les dimensions, 1° du décimètre cube; 2° du centimètre cube; 3° du millimètre cube?

87. *A quoi s'applique, dans les mesures cubiques, la valeur des mots* déci, centi, milli ?

Comment obtient-on le volume d'un cube?

Quel est le volume du décimètre cube, du centimètre cube, du millimètre cube relativement au mètre cube?

Qu'est-ce que faire le cube d'un nombre?

88. *Combien faut-il de chiffres décimaux pour écrire un nombre, 1° de décimètres cubes; 2° de centimètres cubes; 3° de millimètres cubes, et pourquoi?*

A quelle mesure de capacité correspond le décimètre cube, et, par suite, le mètre cube et le centimètre cube ?

A quel poids correspond un volume d'eau d'un centimètre cube ou d'un millilitre, et, par suite, celui d'un décimètre cube ou d'un litre, et aussi celui d'un mètre cube ?

89. *Comment indique-t-on les unités du système métrique ?*

Quelques Notions

SUR LES DIVISIONS DU TEMPS.

Le jour civil vaut 24 heures ; il commence à minuit. Midi en est le milieu.

Une heure vaut 60 minutes ; par conséquent une demie heure vaut 30 minutes, un quart d'heure en vaut 15 et 3/4 d'heure 45.

La minute vaut 60 secondes.

Sept jours font une semaine, il y a 52 semaines dans l'année.

Les mois de Janvier, Mars, Mai, Juillet, Août, Octobre et Décembre ont 31 jours, Avril, Juin, Septembre et Novembre en ont 30, Février a 28 jours dans les années communes c'est-à-dire de 365 jours, et 29 dans les années bissextiles ou de 366 jours, qui arrivent tous les 4 ans.

TABLE

Amiens. — Typ. Alfred CARON fils, rue de Beauvais, 42.

www.ingramcontent.com/pod-product-compliance
Ingram Content Group UK Ltd.
Pitfield, Milton Keynes, MK11 3LW, UK
UKHW021154260726
13994UKWH00001B/446

9 782019 96939